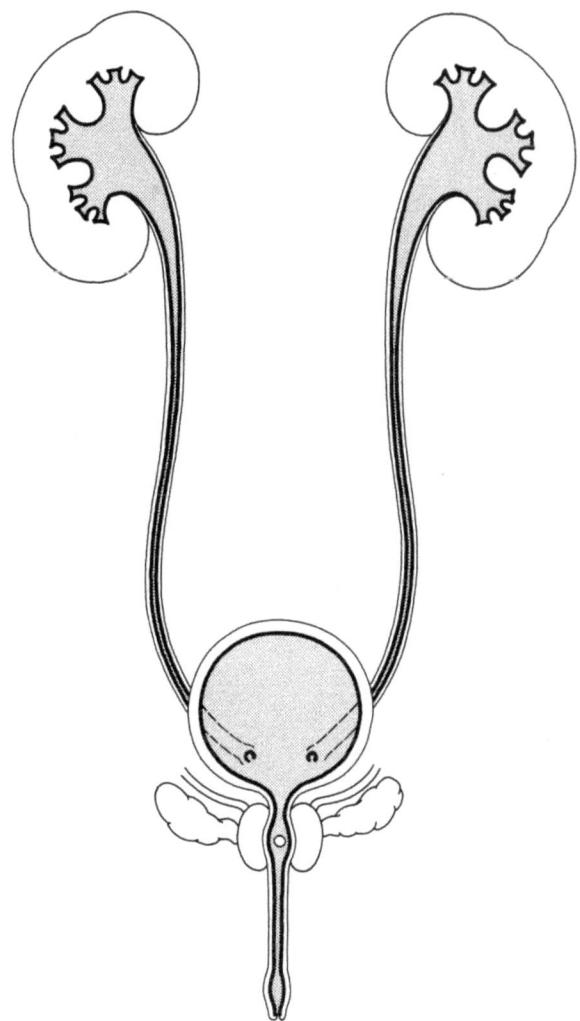

Abb. 1. Schematische Darstellung des Urothels im Harntrakt: Ursprungsort der meisten exfoliierten Zellen, die durch die Urinzytologie untersucht werden können

H.J. de Voogt P. Rathert
M.E. Beyer-Boon

Praxis der Urinzytologie

Phasenkontrastmikroskopie
und Analyse gefärbter Präparate

Vorwort von L.G. Koss

Überarbeitete Übersetzung der englischen Ausgabe
von P. Rathert

Mit 79 überwiegend farbigen Abbildungen
in 327 Teilbildern

Springer-Verlag
Berlin Heidelberg New York 1979

Herman J. de Voogt, MD, PhD
Lecturer in Urology, Academisch Ziekenhuis, Department of Urology,
Leiden, The Netherlands

Peter Rathert, Professor, Dr. med.
Professor für Urologie an der Medizinischen Fakultät der Rheinisch-Westfälischen Technischen Hochschule Aachen, Germany
Chefarzt der Abteilung Urologie, Krankenanstalten Düren, Deutschland

Mathilde E. Beyer-Boon, MD, PhD
Pathologist-Cytopathologist,
Ziekenhuis Delft, The Netherlands
Director of Het Leids Cytologisch Laboratorium, Leiden, The Netherlands

ISBN-13: 978-3-642-96518-0   e-ISBN-13: 978-3-642-96517-3
DOI: 10.1007/978-3-642-96517-3

CIP-Kurztitelaufnahme der Deutschen Bibliothek
Voogt, Herman J. de:
Praxis der Urinzytologie: Phasenkontrastmikroskopie u. Analyse gefärbter Präparate/H.J. de Voogt; P. Rathert; M.E. Beyer-Boon. Vorw. von L.G. Koss. – Berlin, Heidelberg, New York: Springer, 1979.
Einheitssacht.: Atlas of urinary cytology <dt.>
ISBN-13: 978-3-642-96518-0

NE: Rathert, Peter:; Beyer-Boon, Mathilde E.:

Das Werk ist urheberrechtlich geschützt. Die dadurch begründeten Rechte, insbesondere die der Übersetzung, des Nachdruckes, der Entnahme von Abbildungen, der Funksendung, der Wiedergabe auf photomechanischem oder ähnlichem Wege und der Speicherung in Datenverarbeitungsanlagen bleiben, auch bei nur auszugsweiser Verwertung, vorbehalten. Bei Vervielfältigung für gewerbliche Zwecke ist gemäß § 54 UrhG eine Vergütung an den Verlag zu zahlen, deren Höhe mit dem Verlag zu vereinbaren ist.

© by Springer-Verlag, Berlin·Heidelberg 1979

Softcover reprint of the hardcover 1st edition 1979

Die Wiedergabe von Gebrauchsnamen, Handelsnamen, Warenbezeichnungen usw. in diesem Werk berechtigt auch ohne besondere Kennzeichnung nicht zu der Annahme, daß solche Namen im Sinne der Warenzeichen- und Markenschutz-Gesetzgebung als frei zu betrachten wären und daher von jedermann benutzt werden dürften.

Vorwort

Die zytologische Diagnose von Carcinomen hat ihre Wurzeln in der klinischen Mikroskopie, wie sie sich in der ersten Hälfte des 19. Jahrhunderts entwickelte. Bei der erneuten Betrachtung einiger der frühesten Berichte hierzu, ist man über die Akkuratesse der Beschreibungen und die Zuverlässigkeit der Beobachtungen erstaunt. Die Zytologie des Urins bildet keine Ausnahme: 1864 beschrieb Sanders Fragmente von Tumorgewebe im Urin eines Patienten mit Blasencarcinom (Edinburgh Med. J. **111**, 273). Diese Beobachtung wurde 1869 von Dickinson bestätigt (Tr. Path. Soc. London, **20**, 233). Es erfüllt mich mit besonderem Stolz, daß 1892 ein New Yorker Pathologe, Frank Ferguson, die Untersuchung des Urinsedimentes als beste Methode zur Diagnose eines Blasentumors propagierte, als es noch keine Zystoskopie gab. Papanicolaou erkannte diese Beiträge freimütig an, als er die gesicherte wissenschaftliche Basis für die Fortentwicklung und die Ausbreitung dieser Methoden aufbaute. Papanicolaous Arbeiten auf dem Gebiet des Harntraktes stießen nicht auf taube Ohren. Er dokumentiere vielen Urologen in seinem persönlichen Einflußbereich, und hier besonders Dr. Victor Marshall, Professor der Urologie an der Cornell Universität, daß die Urinzytologie ein zuverlässiges Hilfsmittel in der Diagnose von Blasencarcinomen ist. Einige von uns, die sich bemühten, die Erkenntnisse des Meisters zu verbreiten, hatten ihren Anteil am Erfolg durch die mit uns verbundenen Institute. Wahrscheinlich ist der wichtigste Beitrag der Urinzytologie, die Erkennung des nicht-papillären Carcinoma in situ, die Schlüsselläsion in der Bestimmung oder Prognose urothelialer Neoplasmen. Doch die Autoren dieses Buches über die Urinzytologie haben ganz recht, wenn sie annehmen, daß die Mehrzahl der Urologen sich dieser diagnostischen Methode nicht be-

wußt ist oder ihr skeptisch gegenübersteht. Dafür gibt es viele Gründe. Die wichtigsten davon sind wahrscheinlich die Begrenzungen der Methode selbst. Gut differenzierte papilläre Veränderungen der Blase, wie das Papillom und das papilläre Carcinom Grad I, geben keine diagnostisch verwertbaren Zellen ab. Daher ist die Erwartung des Urologen falsch, daß *jeder* Blasentumor zuverlässig zytologisch diagnostiziert werden könne. Ähnliche Fehler werden von Pathologen und Zytopathologen gemacht, die häufig nicht die Grenzen der Methode erkennen und beim Versuch, zuviel zu diagnostizieren, große Fehler in der Beurteilung machen, die oft zum Mißtrauen der klinischen Kollegen führen. Die Urinzytologie ist schwierig, voller Fallgruben und enttäuschender Quellen diagnostischer Fehler. Sie kann nicht nebenbei erlernt werden, sondern erfordert eine vieljährige Erfahrung und enge Zusammenarbeit zwischen Pathologen und Urologen. Dieser Atlas sollte zur Verbreitung dieser wichtigen diagnostischen Methode beitragen, die in bewundernswerter Weise das klinische Urteil und die Biopsie komplementiert, aber nicht ersetzt. Das Ziel dieser Bemühungen ist relativ einfach: dem Patienten mit einem Carcinom der ableitenden Harnwege die größtmögliche Chance einer frühen Diagnose zu geben, die zur Heilung oder zur Beherrschung der Erkrankung und einem so erfüllten Leben wie möglich führt. Zu diesem Ziel kann die Urinzytologie ganz wesentlich beitragen, indem sie die Patienten identifiziert, die ein hohes Risiko für ein invasives Carcinom tragen. Für diese Patienten kann die radikale Therapie des erkrankten Urothels vor der Entwicklung von Metastasen die beste und manchmal einzige Chance der Heilung sein.
Die Doktoren Beyer-Boon, de Voogt und Rathert müssen zu diesem hervorragenden Atlas beglückwünscht werden. Er wird entscheidend zur Aufklärung und Ausbildung sowohl von Urologen und Pathologen beitragen, die am Carcinom der ableitenden Harnwege interessiert sind.

Leopold G. Koss
Professor und Chairman
Department of Pathology
Albert Einstein College of
Medicine at Montefiore Hospital
und Medical Center
Bronx, New York 10467

Inhaltsverzeichnis

Einleitung		1
1.	Klinische Anwendung der Urinzytologie	5
	H.J. de Voogt	
2.	Präparationstechniken	7
	M.E. Meyer-Boon	
2.1.	Materialgewinnung	7
2.1.1.	Urin	7
2.1.2.	Blasen- und Nierenbeckenspülung	7
2.1.3.	Bürstentechniken	8
2.1.4.	Vorfixierung	8
2.2	Zellkonzentrationsverfahren	8
2.3.	Anfertigung von Ausstrichen	9
2.3.1.	Präparate für Phasen-Kontrast-Mikroskopie und Methylenblau-Färbung	10
2.3.2.	Präparate für die Papanicolaou-Färbung	10
2.3.2.1.	Präparate von frischem Urin	10
2.3.2.2.	Präparate von vorfixiertem Urin	10
2.3.2.3.	Präparate für MGG (May-Grünwald-Giemsa-Färbung)	11
2.4.	Färbetechniken	12
2.4.1.	Methylenblau-Färbung	12
2.4.2.	Papanicolaou-Färbung	12
2.4.3.	May-Grünwald-Giemsa-Färbung	12
2.5.	Fehlerquellen	13
2.5.1.	Zelldegeneration	13
2.5.2.	Formalin-Effekt	13
2.5.3.	Effekt von hypertonem Urin	13
2.5.4.	Zellverlust während der Färbung	13
2.5.5.	Überfärbung	14
2.5.6.	Zell- und Kernschrumpfung	14

3.	Urinzytologie und ihre Beziehung zur Histologie des Harntraktes	15
	M.E. Beyer-Boon	
3.1.	Normale Strukturen des Urothels	15
3.1.1.	Histologie des normalen Urothels	15
3.1.2.	Epitheliale Varianten	16
3.1.3	Zytologie des normalen Übergangsepithels	17
3.2.	Epitheliale Kontamination	18
3.3.	Gutartige urotheliale Veränderungen	18
3.3.1.	Entzündliche Veränderungen	18
3.3.1.1.	Bakterielle Infektionen	19
3.3.1.2.	Virusinfektionen	19
3.3.1.3.	Parasitäre Infektionen	20
3.3.1.4.	Mykotische Infektionen	21
3.3.2.	Malakoplakie	21
3.3.3.	Plattenepithelmetaplasie	21
3.3.4.	Glanduläre Zystitis	22
3.3.5.	Harnsteine	22
3.3.6.	Hyperplasie des Urothels	23
3.3.7.	Atypische Hyperplasie des Urothels	23
3.4.	Urotheliale Tumoren	23
3.4.1.	Einführung	23
3.4.2.	Klassifikation der urothelialen Tumoren	24
3.4.2.1.	Makroskopie	24
3.4.2.2.	Mikroskopie	24
3.4.2.3.	Stadieneinteilung	25
3.4.2.4.	Klinische Klassifikation (UICC)	25
3.4.3.	Makroskopie und Histologie der reinen Übergangszelltumoren	29
3.4.3.1.	Papilläre Tumoren	29
3.4.3.2.	Solide Tumoren	31
3.4.3.3.	Flaches intra-epitheliales Carcinom (Carcinoma in situ)	32
3.4.4.	Zytologie reiner Urotheltumoren	33
3.4.4.1.	Papilläre Tumoren, Grad 0 (gutartiges Papillom) und Grad I (Papillom mit Atypie)	33
3.4.4.2.	Papilläre Tumoren, Grad II, III und IV (Carcinome)	36
3.4.4.3.	Solide urotheliale Carcinome	38
3.4.4.4.	Carcinoma in situ	38
3.4.5.	Plattenepitheldifferenzierung des Übergangszellcarcinoms und reines Plattenepithelcarcinom	38
3.4.6.	Adenomatöse Differenzierung des Übergangszellcarcinoms und reines Adenocarcinom	39
3.5.	Adenocarcinom der Prostata	40

3.6.	Infiltration der Blase oder des Ureters durch benachbarte Carcinome und Metastasen anderer Carcinome	40
3.7.	Adenocarcinom der Niere	41
3.8.	Strahleneffekte am Urothel	42
3.9.	Einfluß von Cytostatika	42
4.	Phasen-Kontrast-Mikroskopie des Urinsediments	43
	H.J. de Voogt	
5.	Methylenblau-Färbung des Urinsediments	49
	P. Rathert	
6.	Epidemiologie und Ätiologie der Urotheltumoren	51
	P. Rathert	
7.	Aussagefähigkeit der Urinzytologie zur Entdeckung von Tumoren des Harntrakts	55
	M.E. Beyer-Boon, H.J. de Voogt, P. Rathert	
7.1.	Diagnose bei Patienten mit positivem zytologischem Befund	56
7.2.	Diagnose bei Patienten mit atypischem zytologischem Befund	56
7.3.	Sensitivität und Spezifität der Urinzytologie	58
7.4.	Die Zuverlässigkeit der vorläufigen PKM-Diagnose	61
7.4.1.	PKM-Unterdiagnostik	61
7.4.2.	PKM-Überdiagnostik	61

Danksagungen ... 62

Literatur ... 63

Illustrationen ... 69
  1. Normales Übergangsepithel ... 71
  2. Entzündliche Veränderungen ... 77
  3. Nichtbakterielle Entzündungen und Verunreinigungen ... 81
  4. Atypische Hyperplasie ... 87
  5. Phasen-Kontrast-Mikroskopie: Malignitätskriterien ... 91
  6. Grad I Blasentumoren ... 95
  7. Grad II Blasentumoren mit und ohne infiltratives Wachstum ... 99

8. Grad II Blasentumoren und Grad III Uretertumor 103
9. Grad II Blasentumor und Urethratumor mit infiltrativem Wachstum 107
10. Grad III Blasen-, Nierenbecken- und Uretertumoren 111
11. Grad III Tumoren von Nierenbecken, Ureter und Blase 117
12. Grad IV Blasentumoren 121
13. Solides Carcinom der Blase Grad IV 123
14. Carcinoma in situ 127
15. Plattenepithelcarcinom der Blase 135
16. Adenomatöse Differenzierung 141
17. Adenocarcinom der Blase 147
18. Adenocarcinom der Niere 151
19. Blasencarcinom und Prostatacarcinom 155
20. Glanduläre Cystitis mit Plattenepithelmetaplasie . 159
21. Bestrahlungseffekte 163
22. Cytostatikaeffekte an Urothelzellen 167
23. Zytologische Veränderungen durch Harnsteine . 173
24. Katheterurin 179
25. Ileum-conduit-Urin 183
26. Artefakte in der Phasen-Kontrast-Mikroskopie . 187

Sachverzeichnis 191

Einleitung

Seit Beginn der Nutzung des Mikroskops in der Humanpathologie wurden hiermit auch die Bestandteile des Urins untersucht. Daher war die mikroskopische Betrachtung des ungefärbten Harnsediments eine Routinemethode, lange bevor Papanicolaou (Papanicolaou u. Marshall, 1945) die spezielle Urinzytologie einführten. Bis dahin lag das Hauptaugenmerk auf dem Nachweis von roten und weißen Blutzellen sowie Zylindern und Kristallen. Doch auch Epithelzellen des Harntrakts (Abb. 1) wurden schon erkannt und die Möglichkeit der Identifikation bösartiger Zellen im Urin in der Mitte des 19. Jahrhunderts diskutiert (Beale, 1858). Zahlreiche Untersucher beschrieben mit größter Akkuratesse normale und pathologische Zellen im Urin sowie in anderen Körperflüssigkeiten. Nachdem Ehrlich die Färbung getrockneter Präparate entwickelt hatte, nahmen derartige Untersuchungen zu. Die Urinzytologie blieb jedoch die Arbeit von Individualisten; es gelang ihnen nicht, sie als eine diagnostische Routinemethode einzuführen (Deden, 1954).
Im Gefolge der Pioniertat von Papanicolaou haben viele Zytologen die Urinzytologie modifiziert und verbessert. Zur gleichen Zeit kritisierten die Urologen die Methode jedoch, insbesondere wegen ihres Mangels an Zuverlässigkeit als diagnostische Methode. Diese Kontroverse hält bis zum heutigen Tage an und hat es für lange Zeit verhindert, daß die Urinzytologie eine allgemein akzeptierte diagnostische Routinemethode wurde. Nach unserer Meinung ist ein anderer wichtiger Faktor das fehlende Interesse von seiten der Urologen für diese einfache diagnostische Methode. Dem Urologen stehen hochentwickelte Methoden zur direkten optischen Darstellung des Harntraktes zur Verfügung. Hinzu kommt, daß die Papanicolaou-Methode

nicht vom Urologen oder Praktiker selbst während der Sprechstunde durchgeführt werden kann. Es ist notwendig, frisch gelassenen Urin im eigenen oder einem zytologischen Labor zu fixieren und der langwierigen Färbemethode zu unterziehen. Färbung, Durchmusterung und endgültige Diagnose müssen durch einen Spezialisten der Urinzytologie, sei es ein Zytologe, eine Zytologieassistentin oder den Urologen selbst vorgenommen werden. Die endgültige Beurteilung nimmt somit einige Zeit in Anspruch, und falls der einsendende Arzt mit der zytologischen Ausdrucksweise nicht vertraut ist oder Zweifel an ihrer Zuverlässigkeit hat, wird er diese Methode relativ selten anwenden. Dies hat in einer Wechselwirkung einen negativen Effekt auf den Zytologen, da er hierdurch nicht genügend Untersuchungsmaterial erhält, um auf diesem speziellen Gebiet leistungsfähig zu bleiben.

Wie kann dieser Wechselkreis durchbrochen werden? Wir meinen, daß in erster Linie, um die Urinzytologie populärer zu machen, der Praktiker und Urologe mit dieser Methode mehr konfrontiert werden müßte. Wir arbeiteten zunächst daran, bessere Ausstriche der Urinzytologie zu erhalten, um die diagnostische Treffsicherheit zu erhöhen (de Voogt, 1972). Sehr schnell wurden die Vorteile einer engen Zusammenarbeit zwischen Urologen und Zytologen deutlich. Je besser die Ausstriche waren, um so größer wurde die Hinwendung und Erfahrung des Zytologen oder auch des Urologen selbst. Der eigentliche Durchbruch kam mit der Wiederentdeckung der Phasen-Kontrast-Mikroskopie (PKM). Ermutigt durch die Arbeiten von Stoll (1969) über die Vaginalzytologie, erkannten wir bald, daß sein Prinzip der sofortigen Durchmusterung während der Sprechstunde auch bei der Durchmusterung des Urinsediments anwendbar war.

Jeder Arzt, der gelernt hat, ein Urinsediment auf rote und weiße Blutzellen sowie Bakterien zu untersuchen, kann mit einer einfachen zusätzlichen Ausrüstung für die Phasen-Kontrast-Mikroskopie auch Epithelzellen differenzieren. Innerhalb von 6–12 Wochen kann er bei der Anwendung einfacher Kriterien zwischen normalen, atypischen und malignen Zellen differenzieren. Vom selben Sediment können auch Abstriche angefertigt werden. Nach der Lufttrocknung können diese Präparate nach May-Grünwald-Giemsa (MGG) gefärbt werden, und ein ausreichendes Material steht für den Zytologen bzw. zur Dokumentation zur Verfügung (Lopez Cardozo, 1976). Espostis Fixativ zeigte sich sehr nützlich für die Papanicolaou-Methode, da die zeitaufwendigen Verfahren mit Filtern (Millipore oder andere) unnötig und überflüssig werden.

Zur sofortigen Durchmusterung eignen sich weiter die Methylenblau-Färbung (Rathert u. Lutzeyer, 1976) sowie vorgefärbte Objektträger (Testsimplets) (Rathert u. Preiss, 1978), die eine große Bereicherung für den Urologen in der Verlaufskontrolle von Tumorpatienten darstellen.

Die Zuverlässigkeit der Phasen-Kontrast-Mikroskopie war zu prüfen. Daher wurde jedes Urinsediment über 5 Jahre sowohl nach PKM als auch nach MGG und Papanicolaou untersucht. Zusätzlich wurde in Aachen die monochromatische Färbung mit Methylenblau in gleicher Absicht für eine rasche Durchmusterung getestet und mit den anderen Methoden verglichen.

Das auf diese Art zusammengetragene Material war zu umfangreich und informativ, um in den Archiven zu lagern. Daher sind wir dem Springer-Verlag sehr dankbar, daß er diesen Atlas in der ungewöhnlich guten Abbildungsqualität publiziert hat. Wir hoffen, daß dieses Buch viele Praktiker und Urologen anregen wird, das Mikroskop intensiver zur Entdeckung und Verlaufskontrolle von Urotheltumoren zu nutzen und daß es ihnen helfen möge, die richtige Therapie für ihre Patienten zu finden. Durch die Zusammenstellung eines Überblicks über Phasen-Kontrast-Abbildungen, gefärbte Präparate und die Histologie hoffen wir, daß auch für Zytologieassistenten, Pathologen und Zytologen dieser Atlas von Nutzen sein wird.

1. Klinische Anwendung der Urinzytologie

Die Urinzytologie wird in erster Linie zur Entdeckung maligner Tumoren des Harntraktes eingesetzt. Ausgenommen hiervon sind Tumoren der Niere und der Prostata, die im allgemeinen nicht durch Zellen im Urin nachgewiesen werden können. Somit handelt es sich in erster Linie um Carcinome des Übergangsepithels (Abb. 1). Nach unserer Erfahrung können vor allem

1. das Carcinoma in situ (jedweder Lokalisation im Harntrakt) und
2. Tumoren des Nierenbeckens und Ureters

durch die Zytologie gewöhnlich *früher* nachgewiesen werden als durch konventionelle diagnostische Verfahren, wie die Röntgenuntersuchung und Endoskopie.
Für die wesentlich häufigeren Blasentumoren ist es nicht so sehr die primäre Entdeckung, als die Erkennung des Tumorrezidivs und die Bestimmung des Entwicklungsgrades des Tumors, bei dem die Zytologie hilfreich ist. Diese Probleme werden in den Kapiteln 4 und 6 diskutiert.
Noch bedeutender als die Entdeckung eines Blasentumors ist die Verlaufskontrolle von Patienten nach der Behandlung (in erster Linie der transurethralen Elektroresektion, der Blasenteilresektion, der Instillation von Cytostatika und der Bestrahlung). Es ist allgemein üblich, eine Kontrollzystoskopie in 3–6 monatigem Intervall vorzunehmen. Wenn aber die Zytologie in regelmäßigen und häufigeren Intervallen (ohne jede Gefahr für den Patienten) durchgeführt wird, kann ein Carcinomrezidiv nahezu immer durch exfoliierte Zellen nachgewiesen werden, häufig sogar früher als durch die Zystoskopie (Abb. 2). Weiterhin kann der Nachweis vermehrt atypischer Zellen einen Wandel in der Charakteristik des Tumors anzeigen, d.h. der Nachweis einer höheren

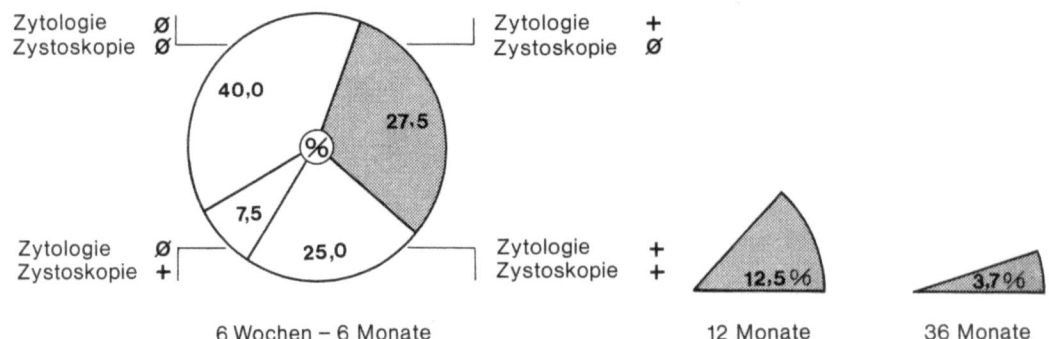

Abb. 2. Beziehung zwischen zytologischem und zystoskopischem Befund in der Verlaufskontrolle (3 Jahre) von 109 Patienten mit einem operierten Blasencarcinom (Aachen). Ein Rezidiv wurde bei vielen Patienten durch die Zytologie früher nachgewiesen (27,5%), wenn auch bei einigen Patienten (7,5%) die Zytologie falsch negativ war. Die Diskrepanz zwischen zytologisch positivem und zystoskopisch negativem Befund verringert sich auf 12,5% nach 12 Monaten und 3,7% nach 36 Monaten. Somit werden einige Tumorrezidive durch die Zytologie früher als durch die Zystoskopie entdeckt (vgl. Kapitel 7)

Malignität oder eines höheren „grading". Schließlich kann die Durchuntersuchung von Arbeitern mit einem hohen Risiko für die Entstehung eines Berufskrebses der ableitenden Harnwege (Farbstoffwerke, Reifenindustrie und andere) leicht durch die Urinzytologie vorgenommen werden (Kapitel 5). Bei gutartigen Erkrankungen des Harntraktes kann die Zytologie manchmal zusätzliche Informationen geben.

Rasche Durchmusterung durch den Urologen oder Praktiker mit Hilfe der Phasen-Kontrast-Mikroskopie, Methylenblau-Färbung oder Testsimplets leiten ihn bei der Diagnose und Auswahl der entsprechenden Therapie und sind ein ausgezeichnetes Hilfsmittel in der Verlaufskontrolle von Patienten nach einer Behandlung. Die Zuverlässigkeit der Urinzytologie mit Hilfe der Papanicolaou- und MGG-Färbung wird in Kapitel 7 diskutiert.

2. Präparationstechniken

Große Sorgfalt muß bei der Aufbereitung und Färbung der Urinproben angewandt werden, um eine optimale Darstellung der zellulären Charakteristiken und einer maximalen Zellausbeute zu sichern. In diesem Kapitel werden die Präparations- und Färbetechniken beschrieben und die Probleme, die hierbei auftreten können. Es wird auf alternative Techniken anderer Laboratorien hingewiesen.

2.1. Materialgewinnung

2.1.1. Urin

Spontan gelassener Urin ist sowohl von ambulanten als auch von hospitalisierten Patienten leicht zu gewinnen. Der sog. erste Morgenurin sollte für die Zytologie *nicht* herangezogen werden, da er sich bereits für viele Stunden in der Blase befand. Es ist besser, den Morgenurin zu verwerfen und den Patienten sich bewegen zu lassen. Die nächste Urinprobe ist für zytologische Untersuchungen am geeignetsten.

2.1.2. Blasen- und Nierenbeckenspülungen

In besonderen Fällen kann es nützlich sein, z.B. während einer Blasenspiegelung, die Blase mit physiologischer Kochsalzlösung zu spülen und die Spülflüssigkeit für die zytologische Untersuchung zu nutzen. Bei Verdacht auf einen Nierenbecken- oder Uretertumor wird im allgemeinen eine retrograde Pyelographie vorgenommen. Vor der Injektion des Kontrastmittels können 5–10 ml physiologischer Kochsalzlösung in den Ureterkatheter injiziert und danach in einem

Teströhrchen gewonnen werden. Nach unserer Erfahrung enthält das Sediment der Spülflüssigkeit immer maligne Zellen, wenn ein Carcinom vorliegt. Die Aufbereitung dieser Proben unterscheidet sich nicht von der des Urins.

2.1.3. Bürstentechniken

Die sog. Bürstentechniken, von Trott et al. (1969) sowie Gill und Thomson (1973) beschrieben, können ebenfalls in besonderen Fällen genutzt werden. Wir haben diese Techniken jedoch nicht routinemäßig eingesetzt.

2.1.4. Vorfixierung

Wenn es nicht möglich ist, die frische Urinprobe sofort aufzuarbeiten, kann der Urin vorfixiert werden mit einer gleichen Menge von Äthylalkohol (Koss, 1968) oder mit Esposti-Fixativ (Esposti et al., 1970).

2.2. Zellkonzentrationsverfahren

Auf verschiedene Weise können Zellkonzentrate erstellt werden:
1. Zentrifugieren der gesamten Urinprobe (frisch oder vorfixiert) bei 2000 U/min für 5–10 min.
2. Durch Einsatz der Zytozentrifuge (Arnold et al., 1973).
3. Durch Anwendung von Filtertechniken (Millipore, Nucleopore).
4. Durch Einsatz der Sedimentationstechniken, wie z.B. von Bots et al. (1964), oder die Sedimentationszylinder, wie sie von Blonk und Arentz (Abb. 3) angegeben wurden.

Das Prinzip dieser Methoden liegt in der spontanen Sedimentation der Zellen, während die Flüssigkeit langsam von einem Filterpapier absorbiert wird. Die langsame Absorption wird durch entsprechende Gewichte (Bots-Methode) oder Messingringe (Blonks-Methode) erzielt. Die Zellen sinken wie Schneeflocken auf die Glasplatte am Boden des Tubus und unterliegen daher lediglich einer minimalen physikalischen Schädigung. Diese Methoden sind einfach und haben sich insbesondere bei hypertonem Urin bewährt. Entweder eine geringe Menge von Urin oder Zentrifugat können benutzt werden.

Vorgehen bei der Blonks-Methode: Ein Stück eines harten Filterpapiers mit einer zirkulären Perforation wird auf eine

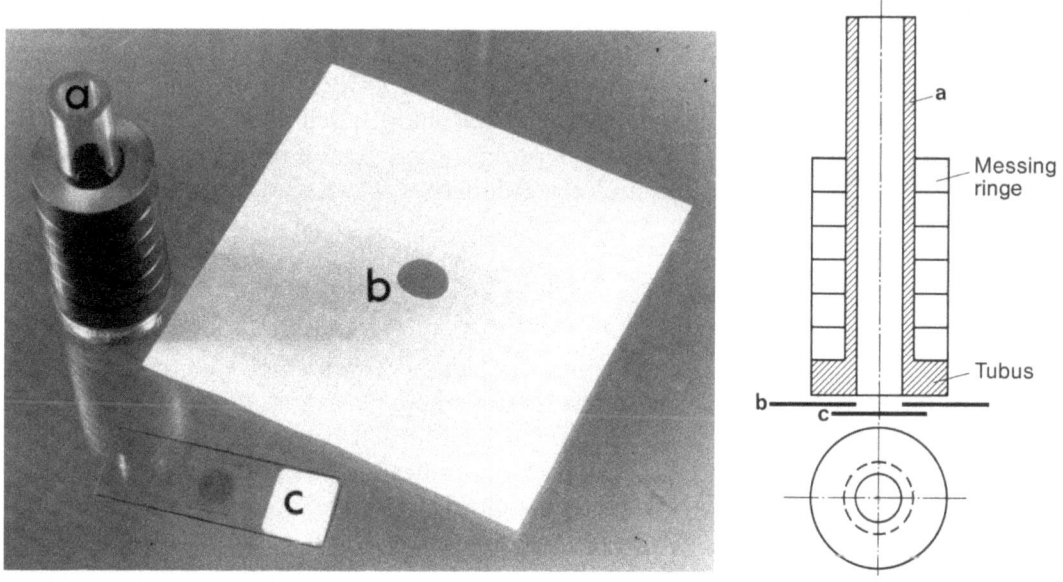

Abb. 3. *Links:* Ausrüstung für die Sedimentation durch einen Zylinder. **a** Perspex-Zylinder mit Messingringen. **b** Filterpapier mit Perforation. **c** Glasobjektträger. *Rechts:* Schnittbild des Apparates. Die Rate der Flüssigkeitsabsorption durch das Filterpapier kann durch die unterschiedliche Zahl der Messingringe reguliert werden. Wenn die Probe wenige Zellen enthält, ist es ratsam, eine geringe Menge physiologischer Kochsalzlösung in den Zylinder zu geben, bevor der Urin zugesetzt wird. Dadurch ist das Filterpapier bereits feucht, wenn die Probe durchtritt, und die Anzahl der Zellen, die von dem Papier aufgenommen werden und dadurch nicht auf dem Glas verbleiben, auf ein Minimum reduziert

Glasplatte gelegt (Abb. 3). Die Größe des Loches entspricht dem inneren Durchmesser (13 mm). Dann wird der Tubus mit den Messingringen auf das Papier gesetzt, so daß der Tubus und die Aussparungen im Papier sich entsprechen. Mit einer Pasteur-Pipette werden etwa 1–5 ml vorsichtig in den Tubus eingebracht. Die Menge an Urin hängt von der Zellkonzentration ab (bei eitrigem oder blutigem Urin werden nur wenige Tropfen eingegeben). Die Flüssigkeit muß innerhalb von 30 min absorbiert sein. Wenn die Absorption länger dauert, werden einige der Messingringe vorsichtig entfernt.

2.3. Anfertigung von Ausstrichen

Ausstriche werden vom Zentrifugat erstellt. Das Zentrifugat wird in 3 Portionen geteilt, eine für ein nicht dauerhaftes Präparat (Phasen-Kontrast-Mikroskopie, Methylenblau), eine für den Papanicolaou-Ausstrich und eine für den MGG-Ausstrich. Von einem Sediment mit einer geringen Zellkonzentration wird eine größere Probe benötigt als von einem purulenten oder blutigen Sediment mit hoher Dichte. Die höchste Konzentration von Krebszellen wird häufig an den äußeren Rändern des Ausstriches gefunden. Daher sollte das ausgestrichene Feld nicht zu groß sein, anderenfalls kann es nicht vollständig mit dem Deckglas eingefaßt werden.

2.3.1. Präparate für Phasen-Kontrast-Mikroskopie und Methylenblau-Färbung

1. Ein Tropfen des Sediments wird auf einen Objektträger gebracht und mit einem Deckglas bedeckt. Das ungefärbte Sediment kann direkt betrachtet werden.
2. Ein anderer Tropfen des Sediments kann über den Objektträger gestrichen werden und nach der Methylenblau-Methode gefärbt werden.
3. Ein weiterer Tropfen wird nach Vermengung mit 2 Tropfen Kochsalz mit Hilfe des Deckglases auf das Testsimplet aufgetragen.

2.3.2. Präparate für die Papanicolaou-Färbung

Der Überstand des Zentrifugats wird abgegossen und die Zellsuspension mit Esposti-Fixativ resuspendiert und fixiert (10% Essigsäure, 48% Methanol, 42% Aqua dest.). Diese Zellsuspensionen können über Nacht im Kühlschrank aufbewahrt werden. Es ist sehr wichtig, daß die Zellen gründlich mit dem Fixativ durchmischt werden, wie z.B. durch sanftes Schütteln des Zentrifugenglases (Table 1).

2.3.2.1. Präparate von frischem Urin

Die Zellen sollten mindestens für 30 min im Fixativ verbleiben (Esposti et al., 1976). Wir bevorzugen jedoch längere Fixationszeiten (bis zu 12 Std). Die Zellsuspension wird nach der Fixierung für 3–5 min bei 2000 U/min zentrifugiert. Der Überstand wird wieder dekantiert. Ein Tropfen des Sediments wird gleichmäßig über den Objektträger ausgestrichen, so daß das Präparat nur wenig dicker als ein Blutausstrich ist. Ein Deckfixativ (80 ml Polyäthylenglykol, Molekulargewicht 300, 690 ml Isopropanol, 170 ml Aceton, 60 ml Aqua dest.) wird den Ausstrichen zugesetzt, während sie noch feucht sind.

2.3.2.2. Präparate von vorfixiertem Urin

Der Überstand wird dekantiert und das Zentrifugat mit 1 oder 2 Tropfen von Mayers Albumin durchsetzt. Der Objektträger, in gleicher Weise wie oben präpariert, wird sofort für 15 min vor der Färbung in 95% Äthylalkohol gegeben.

Tabelle 1. Fixationsschema für die verschiedenen zytologischen Techniken

PKM	keine Fixierung	
Methylenblau	keine Fixierung	
Testsimplets	keine Fixierung	
Papanicolaou-Färbung	Vorfixierung des frischen Urins mit 50% Ethylalkohol oder Esposti-Fixativ ↓ mit 10%iger Essigsäure	Nach Fixierung der Präparate in 95%igem Äthylalkohol oder ↓ einem Deck-Fixativ
I		
	↑ Anfertigung des Ausstrichs	↑ Färbung
	Fixierung des frischen Zentrifugats mit Esposti-Fixativ ↓ mit 10%iger Essigsäure	
II		
	↑ Ausstrich	↑ Färbung
MGG-Färbung	Vorfixierung des frisch gelassenen Urins mit Esposti-Fixativ ↓ mit 5% Essigsäure	Nach Fixierung des Ausstriches in May-Grünwald-Lösung der MGG-Färbe- ↓ technik
I		
	↑ Ausstrich	↑ Färbung
	Vorfixierung durch Lufttrocknung der Ausstriche von frischem Urin ↓	Nach Fixierung der Ausstriche in der May-Grünwald-Lösung der MGG-Färbe- ↓ technik
II		
		↑ Färbung

Es ist notwendig, eine zellreiche Probe, wie z.B. den Urin einer Frau, anders als die nahezu zellreie Probe eines Mannes aufzuarbeiten.

Zellreiche Probe: Der Überstand des Zentrifugats wird dekantiert. Auch die restliche Flüssigkeit muß entfernt werden, sei es durch Aspiration oder durch Eingehen mit einem Filterpapier an die Glaswand des Probenröhrchens. Hierbei darf das Sediment jedoch nicht berührt werden. Zum Sediment wird eine gleiche Menge von 0,01%iger boviner Serum-Albumin-Lösung zugesetzt. Gründliches Schütteln. Diese Zellsuspension wird mit einem Glasstab über den Objektträger mit größter Sorgfalt verstrichen. Diese Zellen

**2.3.2.3.
Präparate für MGG
(May-Grünwald-Giemsa-Färbung)**

können physikalisch wesentlich leichter geschädigt werden als die vorfixierten Zellen bei der Papanicolaou-Technik.
Die Zellschicht sollte nicht zu dünn sein, sie kann sogar wesentlich dicker als ein normaler Blutausstrich sein. Eine Ausnahme hiervon ist ein sehr blutiges Präparat, das dünn ausgestrichen werden sollte.
Zellarme Probe: Der Überstand des Zentrifugats wird dekantiert und etwa 1 ml Esposti-Fixativ mit 5%iger Essigsäure hinzugefügt. Nach 3–10 min wird die Zellsuspension bei 2000 U/min zentrifugiert. Der Überstand wird erneut dekantiert und ein Tropfen gleichmäßig über den Objektträger verteilt. Das verdünnte Esposti-Fixativ bindet die im Urin vorhandenen Elektrolyte und präfixiert die Zellen leicht.

2.4. Färbetechniken

2.4.1. Methylenblau-Färbung

Der feuchte Ausstrich wird für 30–50 sec in Löfflers Methylenblau-Lösung getaucht, mit Wasser gespült und sofort abgedeckt. Der Ausstrich sollte innerhalb von 15 min untersucht werden, d.h. bevor die Austrocknung der Zellen einsetzt. In einer feuchten Umgebung, wie z.B. einer abgedeckten Petri-Schale, können die Ausstriche für 24 Std im Kühlschrank aufbewahrt werden.

2.4.2. Papanicolaou-Färbung

Die in diesem Atlas gezeigten Präparate wurden nach der von Koss (1968) beschriebenen Methode der Papanicolaou-Färbung erstellt. Daneben gibt es zahlreiche Varianten dieser Färbetechnik, die in den letzten Jahren publiziert wurden. Bei allen Methoden ist es wichtig, die Zeit im Hämatoxylinbad auf maximal 2 min zu reduzieren. Zur Entfernung des Deckungsfixativs werden die Ausstriche in 96%igem Äthylalkohol gespült.

2.4.3. May-Grünwald-Giemsa-Färbung

Luftgetrocknete Ausstriche werden 1–3 min in der May-Grünwald-Lösung gefärbt, mit Puffer-Lösung gespült, 12 min in der Giemsa-Lösung gefärbt, mit destilliertem Wasser gespült, luftgetrocknet und abgedeckt.
Die May-Grünwald-Lösung enthält eine Kombination von unoxydiertem Methylenblau und Eosin in Methanol. Die Giemsa-Lösung enthält eine Kombination von Methylenblau, dessen Oxydationsprodukten (den Azurfarbstoffen) und Eosin Y.

2.5. Fehlerquellen

2.5.1. Zelldegeneration

Exfoliierte Zellen und insbesondere einzelne Zellen degenerieren rasch im Urin. Nach etwa 1 Std können degenerative Veränderungen erkannt werden und die Zelle löst sich langsam auf. Dies beruht mit größter Wahrscheinlichkeit auf der Anwesenheit von proteolytischen Enzymen und bakteriellen Zytolysinen im Urin (Mohr, 1969). Um die degenerativen Zellveränderungen auf ein Minimum zu reduzieren, wird der Urin so rasch wie möglich nach der Miktion zentrifugiert. Das so gewonnene Sediment kann im Kühlschrank für 48 Std aufbewahrt werden, wenn einige Tropfen physiologischer Kochsalzlösung hinzugefügt werden, oder es kann mit Esposti-Fixativ vorfixiert werden (Esposti et al., 1970).

2.5.2. Formalin-Effekt

Formalin (auch Spuren von Formalindämpfen) hat einen derart negativen Effekt auf die MGG-Färbung, daß eine zytologische Untersuchung nicht mehr möglich ist. Der Untergrund färbt sich blau, die Kerne können nicht mehr angefärbt werden. Der Kontakt mit Formalin muß daher unbedingt vermieden werden.

2.5.3. Effekt von hypertonem Urin

Der zerstörende Einfluß von hypertonem Urin ist besonders gravierend, wenn die Ausstriche natürlich trocknen, wie bei der MGG-Technik. Während des Trocknungsvorganges wird die zellumgebende Flüssigkeit schrittweise durch die Verdunstung hyperton. Bei dem Sedimentationsverfahren befinden sich die Zellen während des gesamten Konzentrationsverfahrens in einer konstanten osmotischen Flüssigkeit, so daß eine extreme Hyperosmolarität nicht auftritt.

2.5.4. Zellverlust während der Färbung

Während der Papanicolaou-Färbung können die Zellen von dem Objektträger im Alkoholbad abgleiten. Hierdurch tritt nicht nur ein Zellverlust ein, sondern es entsteht auch das Risiko einer Kontamination anderer Objektträger, die sich gleichzeitig in dem Bad befinden. Viele Techniken wurden beschrieben, um dieses Risiko zu verringern. So z.B. wurde der Einsatz von gefrorenen Objektträgern und die Bedeckung des Glases mit Mayers Albumin oder Eiweiß empfohlen. Durch die Anwendung eines Deckungsfixativs haften die Zellen fest an der Oberfläche des Glases, und es entsteht kein Zellverlust während der Färbung. Die Problematik des Zellverlustes besteht nicht bei den luftgetrockneten May-Grünwald-Giemsa (MGG)-gefärbten Ausstrichen.

2.5.5.
Überfärbung

Die Zellkerne der urothelialen Zellen werden sehr leicht sowohl bei der Papanicolaou- als auch bei der MGG-Technik überfärbt. Es ist daher erforderlich, die Zeit im Hämatoxylinbad bei der Papanicolaou-Färbung zu reduzieren bzw. die Zeit in der Giemsa-Lösung bei der MGG-Färbung. Es ist ratsam, die Färbungsergebnisse unter dem Mikroskop zu überprüfen. Papanicolaou-gefärbte Ausstriche können in HCl-Alkohol und MGG-Ausstriche in Methanol oder HCl-Alkohol entfärbt werden.

2.5.6.
Zell- und Kernschrumpfung

Bei der Papanicolaou-Methode ist die rasche Fixierung entweder in Äthylalkohol oder Methanol ein essentieller Bestandteil, um die charakteristischen Strukturveränderungen des Chromatins zu fixieren, auf denen sich die Zytodiagnose gründet. Diese Lösungen sind jedoch dehydrierend und bewirken eine Schrumpfung der Zelle und des Zellkerns. Die Schrumpfung der Kerne ist der unangenehmste Nebeneffekt, da bei starker Schrumpfung kleinere Details des Kerns nur schwierig entdeckt werden können. Die alkoholfixierten Ausstriche haben eine nur etwa halb so große Kernfläche wie die luftgetrockneten Ausstriche für die MGG-Färbung (vgl. Mikrofotografien im Atlas).

3. Urinzytologie und ihre Beziehung zur Histologie des Harntraktes

Nahezu alle epithelialen Zellen in Urinproben stammen von der epithelialen Auskleidung, d.h. vornehmlich dem Übergangszellepithel oder Urothel von Nierenbecken, Ureter, Blase und Harnröhre (Abb. 1), oder hieraus entstandenen Neoplasien. Zellen des Nierenparenchyms spielen eine untergeordnete Rolle in der Urinzytologie.

3.1. Normale Strukturen des Urothels

3.1.1. Histologie des normalen Urothels

Der Harntrakt ist in erster Linie mit Übergangszellepithel bzw. Urothel ausgekleidet. Dieses Epithel besteht aus 3–7 Zellagen (Abb. 4). Das Übergangsepithel kann stark gedehnt werden, hierbei flachen die Zellen ab. Die oberflächlichsten Zellen, die sog. Fallschirm- oder Regenschirmzellen haben mehr Zytoplasma als die tiefergelegenen und können einen oder mehrere Zellkerne enthalten. Jede dieser Zellen bedeckt mehrere darunterliegende kleinere Zellen. Die Größe dieser Zellen variiert sehr, und insbesondere die multinukleären Zellen können ausgesprochen groß werden. Martin (1972) konnte zeigen, daß die Regenschirmzellen des Meerschweinchens große polyploide Kerne enthalten. Die Regenschirmzellen müssen als Zeichen einer normalen Differenzierung des Urothels angesehen werden (Koss, 1974). Die darunterliegenden Zellen haben eine geringere Variationsbreite als die Regenschirmzellen in bezug

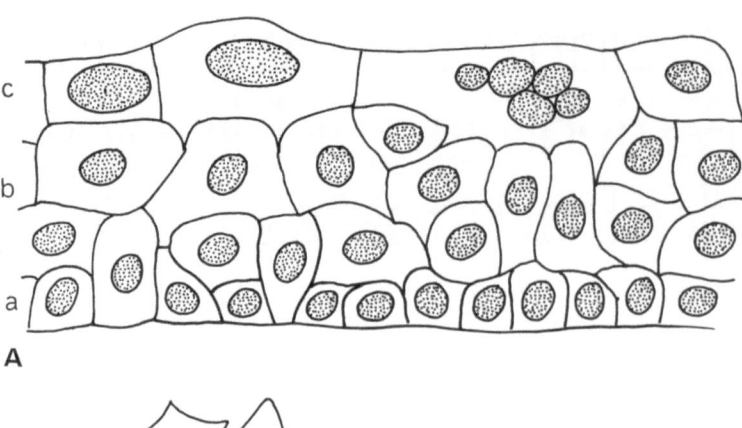

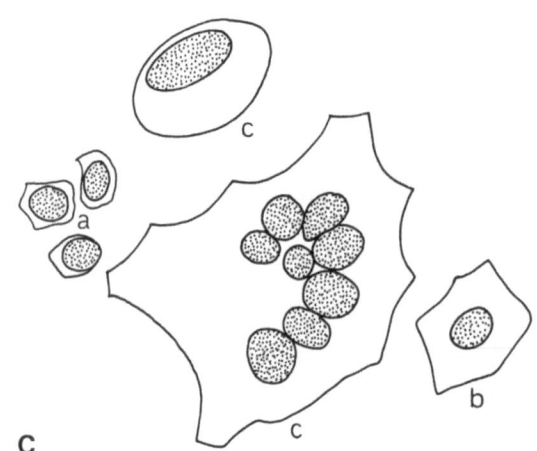

Abb. 4
A Normales Urothel (Übergangsepithel) *a* Tiefe- oder Basalzellen.
b Birnenförmige Zellen.
c Oberflächliche (Regenschirm Fallschirm-)Zellen
B Urotheliale Zellen im Urin.
a Tiefe- oder Basalzellen.
b Birnenförmige oder oberflächliche Zellen
C Urotheliale Zellen im Katheter-Urin oder Blasenabstrichen. *a* Tiefe- oder Basalzellen.
b Birnenförmige Zellen und schmale, oberflächliche Zellen. *c* Große oberflächliche Zellen

auf die Zellform und Kerngröße sowie die Kernzahl. Das Übergangsepithel kann das Bindegewebe bis dicht an die Muskulatur durchwandern und dabei Ausstülpungen hervorrufen, die Brunns epitheliale Nester genannt werden.

3.1.2. Epitheliale Varianten

Bei der Frau findet man Plattenepithel im Bereich des Trigonums sowie beim Mann in den distalen Anteilen der Harnröhre und bei der Blasenextrophie (Koss, 1974). Zylinderepiphel kann im Trigonum und am Blasendom beider Geschlechter auftreten.

Für zytologische Untersuchungen wird das Harnsediment herangezogen. Nur in Einzelfällen werden die Ergebnisse durch Blasenspülflüssigkeit verbessert (Eposti et al., 1970; Harris et al., 1971; Eposti u. Zajicek, 1972). Der normal gelassene Urin ist zellarm. Die tägliche Exfoliation von Epithelzellen des Urogenitalsystems variiert zwischen den einzelnen Individuen sehr stark (Rofe, 1955; Connolly et al., 1968; Morse u. Melamed, 1974). Aber die Anzahl von urothelialen Zellen im Urin des einzelnen Individuums zu verschiedenen Tageszeiten bleibt bemerkenswert konstant (Rofe, 1955).

Nach körperlicher Bewegung ist die Anzahl urothelialer Zellen im Urin größer (Hyman et al., 1956). Im spontangelassenen Urin variiert die Größe der Übergangsepithelzellen von einer oberflächlichen Plattenepithelzelle bis zu einer parabasalen Plattenepithelzelle. Die Form der größeren oberflächlichen Zellen ist regenschirmförmig sowie etwas gestreckt und rhomboid. Die kleineren, tieferen Zellen sind eher wie Parabasalzellen mit einem zentralgelegenen Kern, oder sie haben eine mehr zylindrische Form (birnenförmige Zellen) mit dem Zellkern in einer basalen Position (Abb. 4A–C).

Das Zytoplasma der Übergangsepithelzellen färbt sich blaugrau bis rosa in der Papanicolaou-Färbung und fahlblau in der MGG-Färbung. Die Randbezirke der oberflächlichen Zellen können dunkler gefärbt sein mit kleinen Vakuolen. Dadurch kann der Eindruck einer Perlenkette entstehen. In der MGG-Färbung wird dies am deutlichsten. Anhand dieses Phänomens können Übergangsepithelzellen mit Sicherheit von Plattenepithelzellen unterschieden werden.

Im Gegensatz zu den oberflächlichen Plattenepithelzellen haben die Regenschirmzellen im allgemeinen keinen kleinen pyknotischen Kern, sondern einen großen Zellkern mit einer guterhaltenen Chromatinstruktur. Manchmal ist dieser Kern sogar wesentlich größer als der von tieferen Basalzellen (Abb. 4C). Pyknotische Kerne können als degenerative Erscheinungen sowohl in der oberflächlichen als auch in tieferen Zellen angetroffen werden. Im Gegensatz zu den Basalzellen enthalten die oberflächlichen Zellen häufig mehr als einen Zellkern.

Da der Urin nicht isoton ist, tritt eine rasche Degeneration der Zellen ein. Als erstes degeneriert der Zellkern, gefolgt von der Auflösung der Zytoplasmastruktur. In der Papanicolaou-Färbung führt die Degeneration des Zellkerns zu einem typischen „leeren" Erscheinungsbild. In der MGG-Färbung wird der Zellkern heller als normal. Mit fortschrei-

3.1.3.
Zytologie des normalen Übergangsepithels

tender Degeneration werden die Zellkerne kleiner und pyknotisch. Das Zytoplasma kann eine degenerative Vacuolisation zeigen.

Wenn der Urin durch Katheterisierung oder eine Blasenspülung gewonnen wurde, findet man häufig große multinucleäre oberflächliche Zellen (Koss, 1968; Harris, 1971) (Abb. 4C). Harris (1971) beschreibt eine Urothelzelle mit 55 Zellkernen nach Blasenspülung. Die Epithelialzellen in diesen Präparaten haben ein fein vacuolisiertes Zytoplasma und eine typische Diamantenstruktur. Die zytoplasmatischen Strukturen können sowohl in multinucleären als auch mononucleären Zellen gefunden werden. Die Zellkerne variieren sehr stark in ihrer Größe, sie können 2-, 3-, 4-, auch 5fach größer als der Zellkern einer Zelle der tiefergelegenen Schichten sein. Eine Zelle kann Kerne von verschiedener Größe enthalten.

3.2. Epitheliale Kontamination

Spontan gelassener Urin von Frauen ist immer sehr stark mit Plattenepithelzellen der Vagina und teilweise auch der Vulva durchsetzt. Beim Mann ist die Kontamination mit Zellen vom Präputium im allgemeinen gering. Der Urin des Mannes kann jedoch mit Spermien, Spermaflüssigkeit, Prostatasteinen und Zellen der Samenblasen, insbesondere nach einer Prostatapalpation, durchsetzt sein. Diese Zellen können ausgesprochen atypisch sein, insbesondere bei älteren Männern. Sie haben hyperchrome, dichte Zellkerne; in den meisten Zellen können keine Strukturfeinheiten der Zellkerne erkannt werden. Ihr Zytoplasma enthält ein typisches gelbes Pigment (Koivuniemi u. Tyrkko, 1976).

3.3. Gutartige urotheliale Veränderungen

3.3.1. Entzündliche Veränderungen

Bakterielle Entzündungen des Urothels sind häufig. Die Differentialdiagnose eines Carcinoma in situ wird insbesondere klinisch durch eine chronische Cystitis erschwert. Bei langanhaltender Entzündung kann eine Plattenepithelmetaplasie in Erscheinung treten. Die zytologischen Charakteristika werden unter „Plattenepithelmetaplasie" beschrieben.

Zytologisches Bild: Das Sediment enthält mehr Urothelzellen als normal, weiterhin Leukocyten, Histiocyten und Bakterien. Die epithelialen Zellen zeigen eine Vergrößerung des Nucleus oder eine Pyknose, und das Zytoplasma ist häufig vacuolisiert oder schlecht zu differenzieren. Stärkere Atypie der Epithelzellen findet sich bei starker oder chronischer Entzündung. Die Zellkernatypien (vgl. Kriterien für Atypie S. 34) umfassen eine Zellkernvergrößerung, Variation in der Zellkerngröße und Prominenz des Nukleolus. Dagegen findet man keine Zellkernüberlappung, Veränderungen in der Kernbegrenzung oder ein ungünstiges Kern/Kernkörperchenverhältnis (d.h. ein großes Kernkörperchen in einem kleinen Kern). Wenn die entzündungsbedingten Atypien sehr ausgeprägt sind, kann fälschlicherweise die Diagnose einer malignen Entartung gestellt werden (Umiker et al., 1962; Taylor et al., 1963; Johnson, 1964; Esposti u. Zajicek, 1972).

3.3.1.1. Bakterielle Infektion

Virusinfektionen des Urothels sind sehr viel seltener als bakterielle Infektionen. Einige virale Infekte rufen spezifische Zellveränderungen hervor, die gesondert diskutiert werden. Ob diese sog. Virocyten vom Urothel abstammen oder von den Nierentubulusepithelien, kann vom morphologischen Bild her nicht entschieden werden. Immunosuppressierte Patienten sind sehr empfindlich für Virusinfektionen (Coleman et al., 1973; Bossen u. Johnson, 1975).
Herpes. Zytologisches Erscheinungsbild: Vielkernige Riesenzellen treten mit cellulärer Impression auf, die Kerne erinnern an Glasschalen. In den Virocyten finden sich intranucleäre Einschlußkörperchen mit unregelmäßigen Begrenzungen, die von einem Hof und einer Chromatinbegrenzung umgeben sind.
Zytomegalie. Zytologisches Bild: Man findet einzelne Zellen mit einem sehr großen bläulichen, intranucleären Einschluß, der der Zelle ein „Eulenaugen"-ähnliches Erscheinungsbild gibt. Das Zytoplasma ist sehr dicht und enthält zahlreiche Einschlußkörperchen, dadurch entsteht das Erscheinungsbild eines granulierten Zytoplasmas. Im Gegensatz zu den Einschlußkörperchen in Herpesvirocyten ist die Färbung dieser Einschlußkörperchen mehr basophil und hat glatte Ränder.

3.3.1.2. Virusinfektionen

Polyoma. Zytologisches Bild: Die Kerne der Virocyten sind ausgesprochen hyperchrom und können sehr leicht für maligne Zellen gehalten werden, wenn der Mangel einer Chromatinstruktur nicht beachtet wird (Coleman et al., 1973). Die Virocyten der Polyomavirusinfektion können nicht von Zytomegalievirocyten unterschieden werden (Coleman et al., 1973).

Condylomata acuminata können beim Mann den Penis und bei der Frau die Vulva, Vagina und die Cervix uteri befallen. Die Urethra und Blase sind in seltenen Fällen bei beiden Geschlechtern ebenfalls befallen. Zellen von Condylomata acuminata können im Urin entweder als Kontamination vom Genitale oder direkt vom befallenen Harntrakt auftreten.

Zytologisches Muster: Es werden Zellen mit Plattenepitheldifferenzierung des Zytoplasmas, ausgefallenen zytoplasmatischen Strukturen und Löffelform differenziert. Um die Kerne ist das Zytoplasma in vielen Zellen aufgehellt. Die Zellkerne können stark vergrößert und hyperchromatisch sein. Hierdurch kann der Zytologe zur falschen Diagnose eines Plattenepithelcarcinoms verleitet werden. Viele der entsprechenden Zellen enthalten jedoch mehr als einen Kern, und die Form der Kerne ist nicht sehr stark verändert. Darüber hinaus sind die Kerne sehr dunkel, das Chromatin ist jedoch gleichmäßig verteilt (Höffken, 1978).

3.3.1.3. Parasitäre Infektionen

Trichomonadenbefall der Urethra und Prostata kann durch Urinzytologie entdeckt werden. Wenn ein klinischer Verdacht auf eine Prostatainfektion mit Trichomonaden besteht, ist es ratsam, die Prostata vor dem Wasserlassen zu massieren.

Zytologisches Bild: Die Morphologie der Trichomonasparasiten in der Papanicolaou-Färbung ist wohl bekannt (Koss, 1968). Mit der MGG-Färbung haben die Parasiten blaßblaue Strukturen mit einem hervorstechenden ovalen, azurfarbenen Kern und manchmal mit schmalen, rötlichen Tupfern im Zytoplasma.

Schistosoma Haematobiumeier können schwere Miktionsbeschwerden hervorrufen. Um die Zellen herum entstehen Granulome (Anderson, 1971). Diese können bei der Zystoskopie als schmale, gelbliche Erhebungen diagnostiziert werden. In späteren Stadien der Erkrankung entwickelt sich daraus eine Fibrose. Die Mukosa kann einer Plattenepithelmetaplasie anheimfallen. Patienten mit einer Schistosomiasis der Blase haben ein signifikant höheres Blasentumorrisiko (s. Kapitel 6). Histologisch handelt es sich dann vor-

nehmlich um eine Plattenepitheldifferenzierung (Gillman u. Prates, 1962). Es wurden aber auch Fälle von papillärem Übergangszellcarcinom in Verbindung mit Schistosomiasis beschrieben.
Zytologisches Bild: Plattenepithelzellen (vgl. Plattenepithelmetaplasie) und Eier werden in fast allen Proben gefunden. Es handelt sich um ovale Strukturen mit einer dornartigen Ausstülpung an einer Seite. Die äußere Begrenzung der Eier ist blaßrosa in der Papanicolaou-Färbung und hellblau in der MGG-Färbung. Der innere Anteil ist häufig granuliert und dunkler.
Toxoplasmose. Neugeborene Babys können mit Parasiten beladene urotheliale Zellen ausscheiden.
Zytologisches Bild: Mit braunroten polygonalen Strukturen gefüllte Cysten, umgeben von einem Hof. Diese Strukturen sind Parasiten, die etwa ein Zehntel der Größe von Erythrocyten haben (Cristobal u. Roset, 1976).

3.3.1.4. Mycotische Infektionen

Mycotische Infektionen der Blase treten vor allem bei älteren und vernachlässigten Patienten sowie bei Diabetikern und bei Patienten unter einer Chemotherapie auf.
Zytologisches Bild: Außer Leukocyten enthält das Sediment Nekrosen, Hyphen und Pilzsporen. Candida ist der am häufigsten anzutreffende Pilz. Doch auch andere Pilze können eine Infektion auslösen. Zur Differenzierung ist eine Kultur erforderlich.

3.3.2. Malakoplakie

Malakoplakie ist ein seltener Befund in der Blase. Sie manifestiert sich als gelbe Plaque mit einer zentralen Eindellung. Mononucleäre epithelioide Zellen können in dem lokkeren Bindegewebe beobachtet werden. Das Zytoplasma dieser Zellen enthält kristalloide Strukturen (Michaelis-Gutmann-Körper).
Zytologisches Bild: In einzelnen Fällen konnten diese Zellen mit Michaelis-Gutmann-Körpern im Urin von Patienten mit Malakoplakie nachgewiesen werden (Melamed, 1962; Ashton u. Ambird, 1970). In diesen Sedimenten soll eine beträchtliche Anzahl von Histiocyten vorhanden gewesen sein.

3.3.3. Plattenepithelmetaplasie

Bei der Cystoskopie kann eine Plattenepithelmetaplasie durch weiße Flecken in der Blasenauskleidung auffallen (Leukoplakie). Metaplastische Veränderungen des Urothels in diesem Sinne können bei folgenden Zuständen auftreten: chronische Infektion und anhaltende Urolithiasis, Schistosomiasis der Blase, hormonale Behandlung eines Prostatacarcinoms, Vitamin A-Defizit und Harnstauung. Eine Verkalkung und sekundäre Steinbildung kann eintreten. Ein Plattenepithelcarcinom kann sich in Bezirken mit Plattenepithelmetaplasie entwickeln.

Zytologisches Bild: Die Sedimente sind zellreicher als ein normales Urinsediment, da Plattenepithelzellen leichter exfoliieren als das Übergangsepithel. Diese Plattenepithelzellen sind in der Mehrzahl isoliert. In der Papanicolaou-Färbung haben diese Zellen ein orangefarbenes Zytoplasma, in der MGG-Färbung ist es azurblau. In einigen Fällen sind anucleare Zellen vorherrschend.

3.3.4. Glanduläre Zystitis

Glanduläre Zystitis ist eine Abnormität, die insbesondere im fortgeschrittenen Alter auftritt (Takashi Yamada, 1974). Die Blase zeigt glanduläre Strukturen, die mit zylindrischem Epithel ausgekleidet sind. Diese Areale befinden sich in dem lockeren Bindegewebe. Das schleimbildende Epithel kann in benachbarte Strukturen übergreifen und dabei das Übergangsepithel ersetzen. Das muköse Epithel findet man bei Carcinomen, und hier insbesondere beim Adenocarcinom (Mostofi, 1975).

Zytologisches Bild: Wenn auch das oberflächliche Epithel ersetzt ist, enthält das Sediment zahlreiche zylindrische Zellen, häufig mit großen Vakuolen und einem exzentrischen Kern. Diese Zellen sind PAS-positiv, und die Plattenepithelzellen exfoliieren sehr leicht.

3.3.5. Harnsteine

Der Urin von Patienten mit einer Urolithiasis, jedoch ohne Tumor in den ableitenden Harnwegen, kann Zellen enthalten, die fälschlicherweise als maligne interpretiert werden (Deden, 1954; Foot et al., 1958; Seyboldt, 1961; Umiker et al., 1962; Taylor et al., 1963; Wigishof u. McDonald, 1969; Esposti u. Zajicek, 1972; Forni et al., 1972; Tyrrkö, 1972).

Wir beobachteten 11 derartige Fälle: Bei 7 Patienten wurde aufgrund der cellulären Atypie ein Grad II-Carcinom (Bergkvist-Klassifikation) und in 2 anderen Fällen ein Grad III-Carcinom diagnostiziert (Beyer-Boon, 1977). In den Fällen einer positiven Zytologie und bei Fehlen eines nachweisbaren Tumorwachstums, muß immer an das Vorliegen einer Urolithiasis und/oder eines Carcinoma in situ gedacht werden (s. auch Carcinoma in situ, S. 38). Die Mehrzahl der Patienten mit Harnkonkrementen scheidet keine atypischen Urothelzellen aus. Wir haben jedoch bei Steinpatienten im Urin vermehrt multinucleäre urotheliale Zellen gesehen. Vermutlich durch den abrasiven Infekt der Steine

(Koss, 1968). Insbesondere können bei einem Patienten nach einer Nierenkolik zahlreiche multinucleäre Zellen erkannt werden. Mit Abgang oder Entfernung der Steine verschwinden auch die zytologischen Besonderheiten (Beyer-Boon, 1977). In Fällen einer langbestehenden Urolithiasis (z.B. bei Ausgußsteinen des Nierenbeckens) werden Plattenepithelzellen aus Arealen mit einer Plattenepithelmetaplasie abgeschilfert. Die jahrelange Einwirkung eines Konkrementes auf das Urothel kann als cancerogene Noxe angesehen werden.

Wenn das Urothel aus mehr als 7 Zellagen besteht, spricht man von einem hyperplastischen Epithel (Koss, 1974). Das Sediment kann dann mehr Epithelzellen als normal enthalten.	**3.3.6. Hyperplasie des Urothels**
Die atypische Hyperplasie des Urothels ist dadurch charakterisiert, daß das Epithel mehr als 7 Zellagen umfaßt und einige Kernabnormalitäten erkennen läßt. Die Definition der atypischen Hyperplasie korrespondiert mit der des „labilen Epithels". Schade und Swinney (1973) fanden Areale einer atypischen Hyperplasie in 86% ihrer Patienten mit einem Blasencarcinom. Die atypische Hyperplasie kann zusammen mit papillären Carcinomen und dem Carcinoma in situ auftreten (Mclicow u. Hollowell, 1952; Koss, 1974) und gilt sowohl als ein Vorläufer des Carcinoma in situ (Melamed et al., 1960; Forni et al., 1972) als auch eines papillären Carcinoms (Eisenberger et al., 1960). Zytologisches Muster: Im Sediment können atypische Urothelzellen gefunden werden; häufig sind diese atypischen Zellen in epithelialen Gewebsfragmenten enthalten. Die Anisokaryose kann sehr ausgeprägt sein, aber es treten weder ausgeprägte Chromatinanomalien noch eine Zellkernüberlappung auf.	**3.3.7. Atypische Hyperplasie des Urothels**

3.4. Urotheliale Tumoren

Primäre Tumoren des Urothels sind in erster Linie Übergangszelltumoren mit möglicher Plattenepithel- oder adenomatöser Differenzierung. Reine Adenocarcinome und Plattenepithelcarcinome können ebenfalls beobachtet werden. Ein Urotheltumor kann überall im Urothel entstehen. Die Mehrzahl dieser Tumoren entwickelt sich jedoch in der	**3.4.1. Einführung**

Blase. Tabelle 2 verdeutlicht die Häufigkeit der Tumorlokalisation von Urothelcarcinomen in der zusammengetragenen Kasuistik (1970–1975) von den Universitätskliniken in Leiden und Aachen und der Übersicht von Silverberg (1973). Die Übersicht umfaßt Tumoren der Bergkvist-Graduierung II, III und IV; die Grade 0 und I sind ausgeschlossen. In der Mehrzahl der Patienten kommt es zu einem erneuten Tumorwachstum nach einer Therapie (Tabelle 3). Die malignen Urotheltumoren haben die stärkste Rezidivneigung.

Tabelle 2. Häufigkeit der Tumorlokalisation für Urothelcarcinome

	A: Aachen	B: Leiden	C: Silverberg
Blase	174 (86%)	149 (79%)	96%
Urethra	2 (1%)	8 (4%)	0,5%
Ureter	8 (4%)	16 (9%)	1,5%
Nierenbecken	18 (9%)	14 (9%)	2,0%

Die 187 Tumoren in der Gruppe B (Leiden) repräsentieren 160 Patienten. Von diesen hatten 24 ein Urothelcarcinom in mehr als einem Organ (Blase und Nierenbecken und Ureter 6, Blase und Nierenbecken 4, Blase und Ureter 4, Blase und Urethra 4, Nierenbecken und Ureter 5 sowie Blase und Urethra und Ureter 1).

Tabelle 3. Tumorrezidive nach Verlaufskontrolle von mindestens 14 Monaten (Leiden). Alle Tumoren wurden transurethral resiziert

	Rezidiv	kein Rezidiv	Gesamt
Carcinome	61 (69%)	23 (31%)	84
Grad 0- und I-Tumoren	17 (53%)	15 (47%)	32
Gesamt	78 (67%)	38 (33%)	116

3.4.2. Klassifikation der urothelialen Tumoren

Urotheltumoren können auf der Basis des makroskopischen Erscheinungsbildes (Abb. 5a), des mikroskopischen Bildes (Abb. 5b) und dem klinischen Stadium (Abb. 5c) klassifiziert werden.

3.4.2.1. Makroskopie

1. Papilläre Tumoren
2. Solide Tumoren
3. Flache intra-epitheliale Tumoren (Carcinoma in situ)
4. Ulcerative Tumoren (im allgemeinen Endstadien von 1, 2 und 3).

3.4.2.2. Mikroskopie

1. Differenzierung (Grad der Malignität)
   a) gut differenziert (WHO Grad I)
   b) mittelgradig (mäßig) differenziert (WHO Grad II)

c) gering differenziert (WHO Grad III)
d) undifferenziert
2. Prototyp (Zelltyp)
   a) Übergangsepithel
   b) Plattenepithel
   c) Drüsenepithel
3. Grad der Atypie der Tumorzellen (Anaplasie).

Die celluläre Atypie von gut differenzierten Tumoren ist im allgemeinen weniger ausgeprägt als die von gering differenzierten Tumoren.

3.4.2.3. Stadieneinteilung

Das Stadium eines Tumors ist definiert durch die Infiltration in die Blasenwand (Abb. 5a, c). Die Infiltration von Lymphgefäßen oder Blutgefäßen auf einer tieferen Ebene erhöht nicht das Stadium (WHO, 1973). Die Bestimmung der histopathologischen P-Kategorie (Abb. 5c) beruht auf der Infiltration in Operationspräparaten, d.h. wenn Gewebe, das nicht von einer Biopsie herrührt, zur Untersuchung zur Verfügung steht (UICC, 1974):

P_1 Der Tumor reicht nicht über die Lamina propria hinaus.

P_2 Tumor mit Infiltration der oberflächlichen Muskelschichten (nicht über die Hälfte der Muskelwand hinaus).

P_3 Tumor mit Infiltration der tiefen Muskelschichten (mehr als die halbe Muskelschicht) oder Infiltration von perivesikalem Gewebe.

P_4 Tumor mit Infiltration der Prostata oder anderer extravesikaler Strukturen.

P_0 Kein Tumor im Operationspräparat.

P_{is} Carcinoma in situ (präinvasives Carcinom).

P_x Das Ausmaß der Invasion kann nicht bestimmt werden.

Nach der neuen Klassifikation der UICC (1979) soll die P-Kategorie als pT deklariert werden.

3.4.2.4. Klinische Klassifikation (UICC)

Blasentumoren können nach dem T.N.M.-System (UICC, 1974, 1979) klinisch klassifiziert werden. T beschreibt die lokale Ausdehnung des Tumors aufgrund klinischer und bioptischer Untersuchungen. N gibt den klinischen Nachweis einer Metastasierung in die regionären Lymphknoten an und M das Vorliegen von Fernmetastasen, einschließlich des Befalls von distalen Lymphknoten. Die T.N.M.-Klassifikation erfolgt bei der klinischen Erstuntersuchung des Patienten und vor der definitiven Therapie.

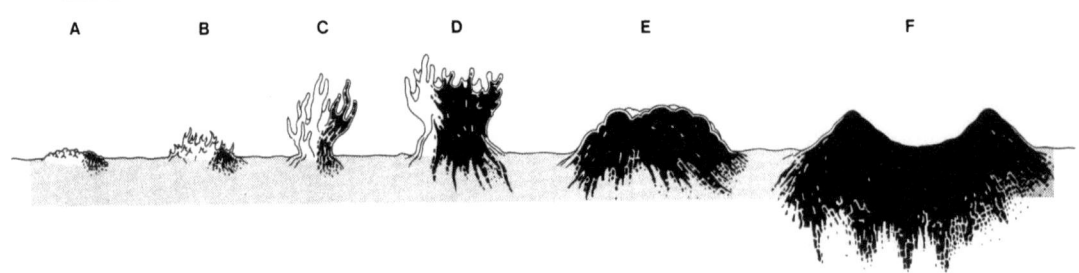

Abb. 5a. Schematische Zeichnung des makroskopischen Erscheinungsbildes von Blasentumoren (nach Heusch, 1942). Die schwarzen Areale kennzeichnen infiltratives Tumorwachstum. Das graugepunktete Areal repräsentiert die Blasenwand. *A* Solider, nur gering erhabener Tumor mit oberflächlich infiltrativem Wachstum. *B* Papillärer Tumor mit schmalen, feinen Zotten. Oberflächlich infiltratives Wachstum. *C* Papillärer Tumor mit breiten, großen Zotten. Oberflächliches infiltratives Wachstum. *D* Fortgeschrittenes Stadium von C, tiefe Infiltration. *E* Solider, hocherhabener Tumor mit tiefem infiltrativem Wachstum. *F* Ulcerativer solider Tumor mit Einwachsen in das perivesikale Gewebe

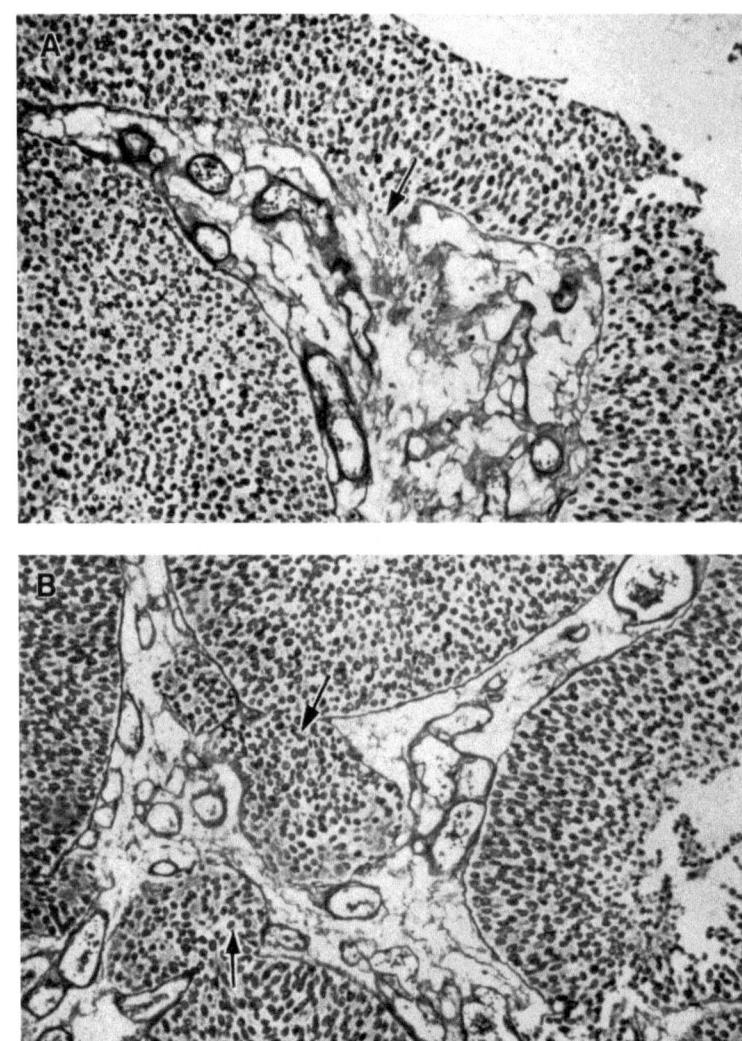

Abb. 5b. Formen des infiltrativen Wachstums. *A* Zapfenförmige Invasion (→), bei der der Tumor in Streifen, Nestern oder individuellen Zellen infiltriert. *B* En bloc-Invasion (→), bei der der Tumor in breiter, geschlossener Front infiltrativ wächst

Abb. 5c. Schematische Zeichnung von Blasencarcinomen in bezug zur T- und P-Klassifikation. *A* Urothel, *B* Lamina propria, *C* Blasenmuskulatur, *D* pervesikales Gewebe, *E* benachbarte Organe

T_1 Alle Tumoren – infiltrative wie auch nicht-infiltrative – die sich mikroskopisch nicht über die Lamina propria ausdehnen. Bei beidhändiger Untersuchung in Narkose kann ggf. eine freibewegliche Masse getastet werden; nach einer kompletten transurethralen Resektion sollte sie nicht mehr fühlbar sein.

T_2 Tumoren mit Infiltration der oberflächlichen Muskulatur. Bei bimanueller Untersuchung zeigt sich eine Verhärtung der Blasenwand, die jedoch beweglich ist. Nach kompletter transurethraler Resektion der Veränderung bleibt keine Verhärtung bestehen. In der Praxis basiert die Diagnose auf einer tiefen diagnostischen oder ggf. therapeutischen transurethralen Biopsie, die keine Infiltration der tiefen Muskelschichten ergibt. Aufgrund der unterschiedlichen Dicke der Blasenwand und Tiefe der Biopsie ist eine exakte Klassifizierung schwierig. Daher wurde die Definition der T_2-Tumoren auf Fälle ausgedehnt, bei denen eine Muskelinfiltration nachgewiesen wurde, aber nach der transurethralen Resektion keine Induration mehr besteht.

T_3 Tumoren mit tiefer Infiltration der Muskelwand oder durch die Blasenwand hindurch. Bei beidhändiger Untersuchung ist eine Verhärtung oder knotige, bewegliche Masse in der Blasenwand tastbar, die auch nach der transurethralen Resektion des exophytischen Teils des Tumors bestehen bleibt. T_{3a}-Befall der tiefen Muskulatur. T_{3b}-Ausdehnung durch die Blasenwand.

T_4 Tumoren mit Infiltration benachbarter Organe. T_{4a}-Infiltration von Prostata, Uterus oder Vagina. T_{4b}-Tumor ist an der Beckenwand fixiert und/oder infiltriert die Bauchwand.

T_0 Kein Nachweis für Primärtumor.

T_{is} Präinvasives Carcinom (Carcinoma in situ).

T_x Die Minimalerfordernisse zur Bestimmung der Ausdehnung des Primärtumors liegen nicht vor.

Das T-System korrespondiert mit der P-(histopathologischen) Klassifizierung, außer daß in Fällen unvollständiger Tumorentfernung die T-Klassifizierung höher als die P-Klassifizierung ist.

Von Prout (1977) sowie Rübben et al. (1977) wird vorgeschlagen, die Kategorie pT_1 zu differenzieren in die Gruppen T_A und T_1. Demnach sollen papilläre Tumoren danach unterschieden werden, ob sich das Carcinom im exophytischen Anteil (T_A) oder an der Basis (T_1) befindet. Die Bedeutung der neuen T-Kategorien T_A und T_1 zeigt sich an der unterschiedlichen Prognose der Patienten der derzeitigen Kategorie T_1. Die Dreijahresüberlebensrate für die Kategorie T_A beträgt 95%, für die Kategorie T_1 nur noch 76%. Diese Zahlen gelten ohne Berücksichtigung des Grading. Bei dessen Berücksichtigung beträgt die Dreijahresüberlebenszeit für T_A, G_2 90%, für T_1, G_2 nur 75%. Es bleibt abzuwarten, ob diese Vorschläge in die neuen Richtlinien der UICC aufgenommen werden.

N Regionäre und juxta-regionäre Lymphknoten. Regionäre Lymphknoten sind die Beckenlymphknoten unterhalb der Verzweigung der Aa. iliacae communes. Juxta-regionäre Lymphknoten sind die Lnn. inguinales superficiales et profundi, die Lnn. iliacae communes und die para-aortalen Lymphknoten.

N_1 Befall eines einzelnen, homolateralen regionären Lymphknotens.

N_2 Befall kontralateraler oder bilateraler oder multipler regionärer Lymphknoten.

N_3 Auf der Beckenwand befindet sich eine fixierte Masse mit einem freien Zwischenraum zwischen ihr und dem Tumor.

N_4 Befall juxta-regionärer Lymphknoten.

N_0 Kein Nachweis für den Befall der regionären Lymphknoten.

N_x Die Minimalerfordernisse zur Beurteilung der regionären Lymphknoten sind nicht erfüllt.

M Fernmetastasen

M_1 Fernmetastasen sind vorhanden. Die Differenzierung in M_{1a}–M_{1c} wird in den neuen Vorschlägen der UICC (1979) fallengelassen.

M_0 Keine Evidenz für Fernmetastasen.

M_x Die Minimalerfordernisse zur Erkennung von Fernmetastasen liegen nicht vor.

pN und pM entsprechen der histologischen postoperativen Sicherung. Eine Kategorie L für Lymphgefäßbefall soll eingeführt werden.

Für *Nierenbecken- und Harnleitertumoren* gibt es kein offizielles Klassifizierungssystem. Bennington und Beckwith (1975) haben folgendes System vorgeschlagen:

Stadium 1: Papilläres oder nicht-papilläres Carcinom ohne Anzeichen der Infiltration.

Stadium 2: Papilläres oder nicht-papilläres Carcinom mit oberflächlicher Infiltration, die die Lamina propria nicht überschreitet.

Stadium 3: Papilläres oder nicht-papilläres Carcinom, das sich bis zur Muskularis ausdehnt (im intrarenalen Nierenhohlsystem kann es über die Muskularis hinausgehen).

Stadium 4: Papilläres oder flaches Carcinom, das bis zur Adventitia reicht, benachbarte Strukturen einbezieht und/oder Metastasen gesetzt hat.

Die Ausdehnung über die Muskelschichten erfolgt bei Nierenbecken- und Harnleitertumoren früher als beim Blasencarcinom, da die Schichten relativ dünn sind (Bennington u. Beckwith, 1975).

Die meisten Urotheltumoren sind papillär (Abb. 5a). Die Untersuchungen über den prognostischen Wert der verschiedenen histologischen Klassifikationen der papillären Urotheltumoren ist durch folgende Fakten erschwert.

3.4.3. Makroskopie und Histologie reiner Übergangszelltumoren

1. Papilläre Urotheltumoren sind häufig multilokulär. Es wurden alle Kombinationen der verschiedenen Tumor-Lokalisationen beobachtet: Nierenbecken und Harnleiter, Nierenbecken und Blase, Blase und Harnröhre usw. (vgl. Tabelle 2 sowie Kaplan und Thomson, 1959).

2. In vielen Fällen kommt es zu einem Tumorrezidiv (Tabelle 3).

3. In dem makroskopisch normalen Epithel der Blase mit einem papillären Tumor, können mikroskopisch Areale mit vermehrter zellulärer Aktivität gefunden werden (Hyperplasie, leichte Atypie), einige davon können als

3.4.3.1. Papilläre Tumoren

Carcinoma in situ klassifiziert werden (Melicow u. Hollowell, 1952; Schade u. Swinney, 1968; Koss, 1974).

Melicow und Hollowell (1952) beschreiben drei mögliche Wege der Entstehung eines papillären Urotheltumorrezidivs:

1. Erneutes Wachstum des originären Tumors (echtes Rezidiv). Dies erfolgt insbesondere, wenn der Tumor nicht vollständig entfernt wurde.
2. Implantation von Tumorgewebe während der operativen Behandlung oder deszendierende Implantation von Tumorfragmenten aus dem Nierenbecken oder Ureter in die Blase (Cuypers, 1975).
3. Entstehung neuer Tumoren als Ergebnis des fortbestehenden Einflusses carcinogener Substanzen auf das verbliebene Urothel.

Wahrscheinlich der wichtigste Faktor im Hinblick auf ein Tumorrezidiv ist der mehr oder weniger labile Zustand des nach einer Operation zurückgebliebenen Urothels. Koss (1974) beschreibt dieses Epithel in 10 Zystektomiepräparaten; die Zystektomien wurden wegen mehrfacher Tumorrezidive durchgeführt. Im Blasenepithel wurden stets multilokuläre intra-epitheliale Anomalien neben dem makroskopischen Tumor gefunden. Die Anomalien reichten von atypischer Hyperplasie bis zum Carcinoma in situ. Zytologische Verlaufskontrollen, multiple Biopsien von makroskopisch unauffälligen Arealen und aus Bezirken mit einer Rötung und/oder Schwellung des Urothels (vgl. Carcinoma in situ, S. 38) sind daher bei Patienten mit einem Urotheltumor indiziert (Melicow u. Hollowell, 1952; Koss, 1975; Mashall, 1977).

Die deutliche Tendenz zur Bildung neuer Tumoren wird auch bei unseren Patienten illustriert. 116 Patienten mit einem Urotheltumor wurden für mindestens 14 Monate beobachtet; bei 78 von ihnen entstand ein Tumorrezidiv. Das histologische Grading dieser Tumoren war entweder gleich oder höher. Zum Beispiel war von 17 primär gutartigen Grad 0- und Grad 1-Tumoren in 14 Fällen das Rezidiv ein Grad II- oder Grad III-Carcinom.

Einige Autoren (Franksson, 1950) fordern den histologischen Nachweis der Infiltration der Lamina propria durch den papillären Tumor zur Diagnose der Malignität; aber ein maligner Verlauf der Krankheit wird auch ohne Nachweis des infiltrativen Wachstums gesehen. Andere (Broders, 1926; WHO, 1973) klassifizieren alle papillären Urotheltumoren als maligne, wenn das Epithel dicker als normal ist (mehr als 7 Zellagen) und nicht ganz dem normalen Urothel entspricht.

In diesem Atlas erfolgte die Einteilung nach der zytologischen Klassifikation von Bergkvist et al. (1965): Sie reicht von 0 bis IV, entsprechend dem Ausmaß der Zellbildabweichung vom normalen Urothel.

Grad 0: Das bedeckende Epithel des Papilloms ist von normaler Dicke, das Zellbild weicht nicht vom Normalen ab.

Grad I: Das papilläre Epithel ist gering und unregelmäßig verdickt, zeigt aber keine bemerkenswerten zellulären Unregelmäßigkeiten.

Grad II: Das papilläre Epithel ist verdickt und zeigt mäßige zelluläre Anomalien mit leichten Unterschieden in der Zell- und Kerngröße. Es besteht eine Tendenz zum Verlust der normalen Polarität der Zellen.

Grad III: Die zellulären Anomalien sind beträchtlich. Die einzelnen Zellen und Epithelstränge sind unregelmäßig. Der Übergangscharakter des Epithels ist jedoch erhalten. Die Zellen und Kerne variieren stark in der Größe und Kontur; gelegentlich finden sich vielkernige Riesenzellen.

Grad IV: Es bestehen sehr starke Anomalien der Zellen, die zur Anaplasie und vollständigem Verlust der Übergangszellstruktur führen. Das Ausmaß des Polymorphismus ist variabel, einige Tumoren enthalten zahlreiche vielkernige Riesenzellen. Es besteht eine ausgeprägte Tendenz zur Dissoziierung der einzelnen Tumorzellen.

Diese Graduierung entspricht nicht der G-Kategorie der UICC für den histologischen Differenzierungsgrad der Blasencarcinome.

Bergkvist et al. (1965) schließen, daß Grad 0- und I-Tumoren als gutartig anzusehen sind und Grad II-, III- und IV-Tumoren als bösartig. Andere Bezeichnungen für Grad 0- und I-Tumoren sind Papillome bzw. Papillome mit Atypien. Grad 0 ist vergleichbar dem Papillom nach der WHO-Klassifikation (1973). Ein Grad I-Tumor (Bergkvist) entspricht dem Grad I-Carcinom (WHO), Grad II dem Grad II-Carcinom und Grad III und IV dem Grad III-Carcinom.

3.4.3.2. Solide Tumoren

Das histologische Bild der soliden Übergangszellcarcinome ist meist vom undifferenzierten Typ mit ausgeprägter Atypie und einer groß- und kleinzelligen Variante. Die großzellige

Variante kann auch Plattenepitheldifferenzierungen enthalten.

**3.4.3.3.
Flaches intraepitheliales Carcinom
(Carcinoma in situ)**

Das Urothel – obgleich flach – ist verdickt und die Epithelzellen haben Veränderungen, die denen bei einem Carcinom vergleichbar sind. Die Veränderungen können überall im Urothel auftreten und sind häufig multilokulär. Unbehandelt erfolgt nach einiger Zeit die Infiltration der Submukosa, beobachtete Zeiten hierzu liegen zwischen 10 und 70 Monaten (Melamed u. Mitarb. et al., 1964) bis zu über 10 Jahren (Marshall u. Seybolt, 1977). Die Veränderungen treten bevorzugt in Brunnschen Zellnestern auf. Die histologische Diagnose wird dann verfehlt, wenn die Biopsie von einem abgeschilferten Areal entnommen, nicht tief genug ist und/oder keine Brunnschen Nester enthält. Der intercelluläre Zusammenhang ist vermindert, worauf der hohe Prozentsatz richtig positiver zytologischer Diagnosen beruht. Das darunterliegende Stroma eines Carcinoma in situ kann ein Ödem und erweiterte Blutgefäße aufweisen (de Voogt u. Beyer-Boon, 1976). Daher beschreibt der Urologe das Areal bei der Zystoskopie so häufig als „samtartig" oder „kopfsteinpflasterartig" (Melicow u. Hollowell, 1952; Umiker et al., 1962).
Die atypische Hyperplasie wird als ein Vorläufer des Carcinoma in situ angesehen (vgl. Atypische Hyperplasie, S. 23). Das Carcinoma in situ kann mit dem Bergkvist-Graduierungssystem in gleicher Weise wie papilläre Tumoren klassifiziert werden (Barlebo et al., 1972). Wir beobachteten bei allen Carcinomata in situ celluläre Veränderungen im Sinne eines Grad III- oder IV-Carcinoms. Carcinoma in situ findet sich nicht nur in Brunnschen Nestern, sondern auch in der Prostata und den Sammelrohren der Niere (Foot u. Papanicolaou, 1949).
Das Carcinoma in situ der Prostata kann als Prostatacarcinom fehlinterpretiert werden und erfolglos einer Hormonbehandlung unterzogen werden.
Die zytologische Differenzierung des Ursprungs dieser Zellen kann hierbei von großer Bedeutung sein. Es gibt zwei Formen des Carcinoma in situ: primär und sekundär. Im Falle des primären Carcinoma in situ besteht weder vor noch zum Zeitpunkt der erstmaligen histologischen Diagnose weder ein invasives noch ein papilläres Carcinom. Im Falle des sekundären Carcinoma in situ wird diese Diagnose während der Verlaufskontrolle oder Erstdiagnose eines infiltrativen Urothelcarcinoms gestellt (Koss, 1975; de Voogt u. Beyer-Boon, 1976; Beyer-Boon, 1977).

In manchen Fällen kann man aufgrund folgender Beobachtungen einen Grad 0- oder Grad I-Tumor vermuten: das Sediment ist ungewöhnlich zellreich und/oder enthält Zellverbände mit dreidimensionaler Struktur und glatter Oberfläche (Kern et al., 1968).

Diese Verbände können mehr als 8 Zellen enthalten (Allegra et al., 1966). Große Gewebsfragmente des Tumors können im Urin erscheinen (Melamed et al., 1960; Umiker, 1964; Harris et al., 1971). Sog. „Papillomzellen" können beobachtet werden, d.h. Zellen mit ovalen verlängerten Kernen, oft mit leichter Hyperchromasie. In Zellgruppen liegen die Kerne dieser Zellen palisadenartig (Allegra et al., 1966).
Zusätzlich zu den beschriebenen Zellen und Zellgruppen kann man in Grad I-Tumoren einige der in Tabelle 4 beschriebenen Atypien beobachten. Wenn die histologischen Präparate nur eine abnorme Dicke des Epithels zeigen, treten im Sediment keine atypischen Zellen auf. Die atypischen Zellen können folgende Charakteristika haben: ein großer Nukleolus oder zwei prominente Nukleoli, gering vergrößerte Nukleoli und eine leichte Anisokaryose. Die Nukleus/Nukleolus-Relation bleibt günstig (großer Nukleolus in großem Nukleus). In der Papanicolaou-Färbung kann die Kernmembran etwas prominent sein, die Chromatinstruktur leicht verdichtet. In der MGG-Färbung können in dunklen Kernen hellere Areale beobachtet werden, die Chromatinstruktur ist jedoch nicht „offen" (Tabelle 4 sowie Abb. 6 und 7). Eine Kernüberlappung kann in der Papanicolaou-Färbung, jedoch nicht in der MGG-Färbung, auftreten. Zellen mit den beschriebenen Kriterien der Atypie können auch bei einer Vielzahl anderer urologischer Veränderungen auftreten, z.B. Entzündung, Prostata-Adenomyomatose u.a.
Patienten mit einer chemotherapeutisch induzierten Atypie können jedoch im Verlaufe der Therapie oder auch später ein infiltratives Blasencarcinom entwickeln. Derartige Beobachtungen wurden von Wall und Clausen (1975) sowie von Dale und Smith (1974) beschrieben, und zwei Fälle sind hier aufgeführt.
Chemotherapeutika werden als Instillationslösungen zur Behandlung von Blasentumoren eingesetzt (Thiotepa et al.). Diese Medikamente führen zu Epithelveränderungen, die denen nach einer Bestrahlung vergleichbar sind: Zellvergrößerung, Zellkernvergrößerung, in erster Linie abnorme Zellformen, Mehrkernigkeit und Vakuolisierung des Zytoplasma. Andere zytoplasmatische Veränderungen können auch von diagnostischer Bedeutung sein: in der Papani-

**3.4.4.
Zytologie reiner
Urotheltumoren**

**3.4.4.1.
Papilläre Tumoren
Grad 0
(gutartiges Papillom)
und Grad I
(Papillom mit Atypien)**

Tabelle 4. Zytologische Kriterien für Atypie und Malignität an nach Papanicolaou und MGG-gefärbten urothelialen Zellen

	Atypie		Malignität	
	Papanicolaou	MGG	Papanicolaou	MGG
Kernkörperchen	rund bis oval	gleich	unregelmäßige Kontur	gleich
	ein großer Nucleolus	gleich	zwei große Nucleoli	gleich
	oder zwei prominente Nucleoli	gleich	mehr als zwei prominente Nucleoli	gleich
Chromatin	leicht prominente Kernmembran	hellere Areale in dunklen Kernen	sehr prominente Kernmembran	lockere Chromatinstruktur
	leicht verdichtetes Chromatin	keine lockere Chromatinstruktur	verdichtetes Chromatin	breite unregelmäßige dunkle Bänder
			unregelmäßige Chromatinverteilung	granuliertes Chromatin
Kerngröße und -form	gering vergrößerte Kerne	gleich	Riesenkerne	gleich
	regulär oval (Grad I-Tumoren) oder rund	gleich	unregelmäßige Form	gleich
	leichte Anisokariose	gleich	ausgeprägte Anisokariose und Polymorphie	gleich
Zellpolarität und Zellfülle	reguläre Anordnung in Zellgruppen	gleich	irreguläre Anordnung in Zellgruppen	gleich
	gelegentliche Kernüberlappung	keine Kernüberlappung	ausgeprägte Kernüberlappung	gleich
Kern/Kernkörperchen-Verhältnis	großer Nucleolus in großem Nucleus (günstig)	gleich	großer Nucleolus in kleinem Nucleus (ungünstig)	gleich

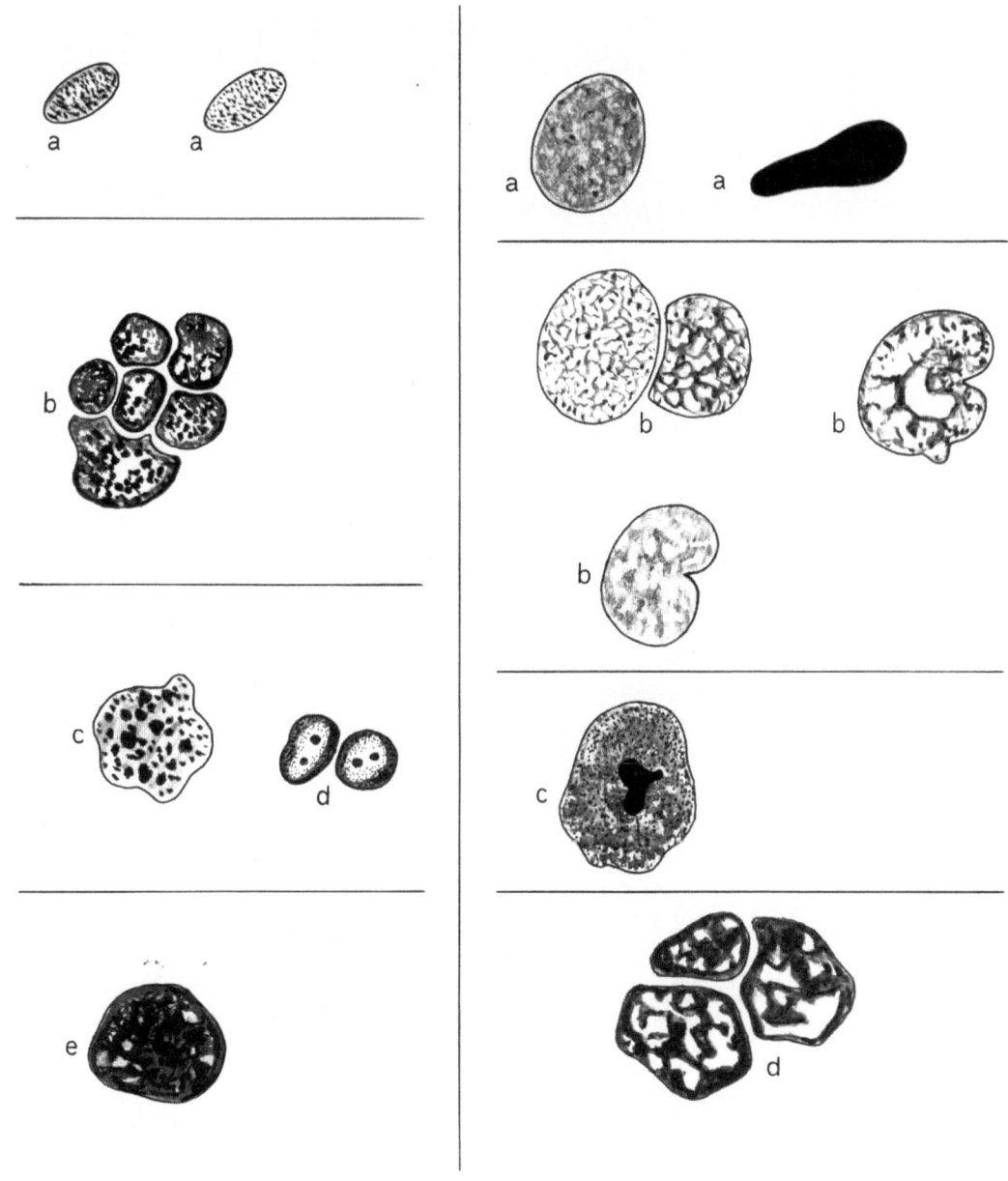

Abb. 6　Papanicolaou　　　　　　Abb. 7　MGG

Abb. 6. Chromatinstruktur der nach Papanicolaou gefärbten abnormen urothelialen Zellen. *a* Kerne von atypischen Zellen. Leicht prominente Kernmembran und leicht verdicktes Chromatin. *b* Maligne Zellen mit sehr prominenter Kernmembran, Verklumpung und ungleichmäßiger Verteilung des Chromatins. *c* Maligne Zellen mit ausgeprägten Größenunterschieden der Chromatinpartikel. *d* Kleine maligne Zellkerne mit sehr prominenter Kernmembran und ungünstigem Nukleolus/Nukleus-Verhältnis. *e* Riesiger Zellkern mit sehr dichtem unregelmäßigem Chromatin. Ausgeprägte Hyperchromasie

Abb. 7. Chromatinstruktur von MGG-gefärbten, abnormen urothelialen Zellen. *a* Zellkerne atypischer Zellen. Hellere Areale im dunklen Kern (links). Vollständig dunkler Zellkern (rechts). *b* Lockere Chromatinstruktur maligner Zellen. *c* Granuliertes Chromatin einer malignen Zelle. *d* Irreguläre, breite, dunkle Bänder des Chromatins von malignen Zellen

colaou-Färbung ist das Zytoplasma häufig dicht und enthält bräunliche Granula, in der MGG-Technik färben sie sich purpurn. Es können sehr viele degenerierte Zellen mit Karryorhexis vorhanden sein, die nur schwer als gut- oder bösartig einzuordnen sind.

3.4.4.2.
Papilläre Tumoren,
Grad II, III und IV
(Carcinome)

Papilläre Tumoren des Grades II, III und IV sind maligne Tumoren (Bergkvist et al., 1965).
Im Urinsediment von Patienten mit einem derartigen Tumor können Zellen mit den Kriterien der Malignität erwartet werden.
Maligne, nach Papanicolaou gefärbte urotheliale Zellen demonstrieren in der Reihenfolge ihrer Bedeutung: unregelmäßig geformte Nukleoli, ungleichmäßig verteiltes Chromatin, grobkörniges Chromatin, vergrößerte Zellkerne, verdickte Kernmembranen, multiple Nukleoli, degenerierte Kerne und dichte Zellverbände (Kalnins et al., 1970) (Abb. 6).
Koss (1975) betont, daß der wichtigste einzelne Indikator für maligne urotheliale Zellen dichte Chromatinkörner sind. Die degenerativen Zellkerne maligner Zellen sind hyperchromatisch, undurchsichtig und größer als die degenerierten Zellkerne gutartiger Zellen. Während der bei der Papanicolaou-Färbung notwendigen Alkoholfixierung schrumpfen die Zellkerne, dadurch wird es schwierig, die Chromatinstruktur von kleinen Kernen zu beurteilen. „Kanonenkugel"-Zellgruppen breiten sich im Ausstrich nicht aus, dadurch ist eine optimale Färbung des einzelnen Zellkerns der Gruppe unmöglich. Die Zellkernüberlappung kann als diagnostisches Kriterium nicht herangezogen werden, da es auch bei alkoholfixierten Zellgruppen von Grad I-Tumoren gesehen wird.
Die Chromatinstruktur von malignen nach MGG-gefärbten Zellkernen kann locker sein, mit einem scharfen Kontrast zwischen einem gleichmäßig verteilten fadenförmigen Netzwerk und einer Hintergrundfärbung des Kerninhaltes. Man gewinnt den Eindruck eines Netzes aus Stacheldraht (Abb. 6). In atypischen Zellen ist die Unterscheidung zwischen den hellen und dunkleren Arealen feiner, die Verteilung dieser Areale ist nicht so regelmäßig wie in malignen Zellkernen (Abb. 6). Andere nukleäre Strukturen, die in MGG-gefärbten malignen urothelialen Zellen zu finden sind: sehr unregelmäßig dunkel gefärbte breite Bandstrukturen und eine granuläre Verteilung des Chromatins. In der MGG-Färbung schrumpfen die Zellen nicht durch eine Alkoholfixierung, sondern werden über die gesamte Objekt-

trägerfläche wie ein „Spiegelei" (Lopez Cardozo, 1976) ausgebreitet. Die Zellkerne sind soviel größer, daß ein in der Papanicolaou-Technik geübter Untersucher geneigt ist, von aufgeblasenen Kernen zu sprechen. Dadurch ist sogar in relativ kleinen Zellkernen die Chromatinstruktur deutlich zu differenzieren. Die dickeren Zellgruppen flachen sich zur äußeren Begrenzung hin ab: Die peripheren Zellkerne können daher analysiert werden.

Eine Zellkernüberlappung fand sich ausschließlich bei der MGG-Färbung in Fällen von urothelialen Carcinomen und nicht bei Grad I-Tumoren oder einer entzündlichen Reaktion. Im Gegensatz zu Zellen von Grad I-Tumoren kann die Zellkernform sehr unregelmäßig sein, und eine betonte Anisokariose und Polychromasie wird mit beiden Färbetechniken deutlich. Die Zahl hervortretender Nukleoli ist ein sehr wichtiges Kriterium, insbesondere wenn andere Kriterien, wie ein dichtes Chromatin usw., nicht vorhanden sind. Man kann jedoch die Anwesenheit zahlreicher prominanter Nukleoli nur dann als einzelnen Indikator der Malignität heranziehen, wenn die Zellkerne relativ schmal und klein sind.

Es wird deutlich, daß der Unterschied zwischen Atypie und Malignität graduell ist und die Klassifizierung von Grenzfällen nur dem Erfahrenen möglich ist.

Papilläre Tumoren, Grad II: Carcinome. Die malignen Zellen sind vornehmlich in papillären Gruppen angeordnet, und die Zellkernpolymorphie ist begrenzt. Es besteht eine geringe Zellkernüberlappung, aber die Anwesenheit von mehr als drei Nukleoli ist verdächtig. Die Zellkerne sind in der Papanicolaou-Färbung häufig blaß mit einer Zellkernaufhellung, einer hervortretenden Kernmembran und Verklumpung des Chromatins. Die Zellkerne sind vornehmlich oval oder rund mit einigen abnormen Formen. Das Zellkern-Zytoplasmaverhältnis ist ungünstig. Die Zellen können leicht als Übergangsepithelzellen definiert werden.

Papilläre Tumoren, Grad III: Carcinome. Die Diagnose der Malignität ist in diesen Fällen nicht schwierig. Die meisten malignen Zellen sind vereinzelt, aber es gibt auch papilläre Verbände. Die Zellkerne sind groß und sehr hyperchromatisch. In der MGG-Färbung sind die Polychromasie und die Zellkerne mit dunklen Bändern besonders auffallend. In Zellverbänden sieht man die Kernüberlappung, und es finden sich auch Riesenzellen. Einige der malignen Zellen können als Übergangsepithelien noch erkannt werden.

Papilläre Tumoren, Grad IV: Carcinome. Nur wenige maligne Zellen liegen in papillären Gruppen. Der Hintergrund kann stark nekrotisch sein. Die großzellige Form enthält viele Riesenzellen, die kleinzellige Variante hat Zellen mit auffallend abnormen Zellkernformen und einem sehr stark hervortretenden einzelnen Nukleolus. Das Verhältnis Zellkern-Zellkernkörperchen ist ungünstig. Maligne Zellen können kaum noch oder gar nicht als Übergangsepithelzellen erkannt werden.

3.4.4.3.
Solide urotheliale Carcinome

Wie bereits beschrieben, sind diese Carcinome gewöhnlich undifferenzierte Übergangszellcarcinome. Die großzellige Variante exfoliiert Zellen, wie sie bei Grad IV, papillären Carcinomen vom großzelligen Typ, angetroffen werden. Der Hintergrund enthält häufig Detritus und Granulocyten.

3.4.4.4.
Carcinoma in situ

Die histologische Beschreibung wurde bereits oben gegeben. In unseren Fällen von primärem und sekundärem Carcinoma in situ waren die exfoliierten malignen Zellen vornehmlich pleomorph. Nahezu alle Präparate enthielten „papilläre" Zellgruppen: wahrscheinlich handelt es sich hier um epitheliale Gewebsfragmente. In Gewebsschnitten beobachtet man diese häufig als halb abgelöste Zellverbände an der Oberfläche des neoplastischen Epithels. Der verringerte intercelluläre Zusammenhang beim Carcinoma in situ wird für die Anwesenheit der vielen isolierten Carcinomzellen verantwortlich sein. Die Leukurie beim primären Carcinoma in situ ist gering, während sie bei Grad III- und IV-Tumoren in der Regel sehr ausgeprägt ist (de Voogt u. Beyer-Boon, 1976). Die zytologische Diagnose der Malignität ist in der Regel nicht schwierig, aufgrund des Zellreichtums und der betonten Pleomorphie der bösartigen Zellen. Es gelingt jedoch häufig nicht, die intraepitheliale von der papillären Form abzugrenzen. Im Gegensatz dazu betonen andere, daß das Carcinoma in situ ein charakteristisches zytologisches Erscheinungsbild hat, mit uniformen, kleinen hyperchromatischen Carcinomzellen (Melamed et al., 1964; Koss, 1974).

3.4.5.
Plattenepitheldifferenzierung des Übergangszellcarcinoms und reines Plattenepithelcarcinom

In Urothelcarcinomen können Areale mit Plattenepitheldifferenzierung auftreten. Dieses Phänomen wird häufig bei Grad IV-Karzinomen angetroffen (Suprun u. Bittermann, 1976). Diese Tumoren sollten als Übergangszellcarcinome mit Plattenepithelmetaplasie bezeichnet werden, und die Bezeichnung Plattenepithelcarcinom sollte für jene Neoplasien reserviert bleiben, die vorwiegend eine Plattenepitheldifferenzierung zeigen (reines Plattenepithelcarcinom) (Benning-

ton u. Beckwith, 1975). In Amerika und den USA sind verhornende reine Plattenepithelcarcinome der Blase selten, häufig jedoch in Ländern mit endemischer Schistosomiasis (Gillmann u. Prates, 1962).
Plattenepithelcarcinome entstehen gerne in Blasendivertikeln (Koss, 1968) und treten in Verbindung mit Nierenbeckensteinen auf (Beyer-Boon, 1977).
Zytologische Charakteristika: Das Zytoplasma der verhornenden Krebszellen ist häufig klar abgegrenzt und dicht. Mit der Papanicolaou-Färbung wird es orangefarben dargestellt, in der MGG-Färbung azurblau. Die Zellformen können sehr abnorm sein: Kaulquappen- und Faserzellen können vorherrschend sein. In den hochdifferenzierten Plattenepithelcarcinomen können ausschließlich sog. „Geisterzellen" gefunden werden. Dies sind abnorm gestaltete pleomorphe anucleäre Plattenepithelzellen. Wenn man auch keine definitive Diagnose hinsichtlich der Malignität bei Abwesenheit von Zellen mit malignen Kernen stellen kann, ist ein Präparat mit Geisterzellen ein deutlicher Hinweis auf das Vorliegen eines hochdifferenzierten Plattenepithelcarcinoms. Die Kerne der malignen Zellen sind stark hyperchrom mit einem charakteristischen, sehr dichten Chromatin oder aber sie sind vollständig pyknotisch. Dabei ist die Kern-Zytoplasmarelation nicht immer ungünstig.

3.4.6. Adenomatöse Differenzierung des Übergangszellcarcinoms und reines Adenocarcinom

Eine adenomatöse Differenzierung kann in Übergangszellcarcinomen auftreten. Diese Tumoren sollten als Übergangszellcarcinom mit glandulärer Metaplasie klassifiziert werden, und die Bezeichnung Adenocarcinom sollte jenen Fällen vorbehalten bleiben, in denen der adenomatöse Anteil dominiert. Adenocarcinome können in Verbindung mit glandulärer Zystitis gefunden werden. Am Blasendom können schleimproduzierende Adenocarcinome auftreten, die Koloncarcinomen ähneln. Auch in den Ureteren, im Nierenbecken und in der Urethra sind Adenocarcinome beschrieben worden (Bennington u. Beckwith, 1975).
Zytologisches Bild: Im Falle eines Übergangszellcarcinoms mit einer adenomatösen Komponente, werden im Urin maligne Übergangsepithelien mit typischem perlschnurartigem Zytoplasma in Kombination mit Adenocarcinomzellen gefunden. Die letzteren haben häufig ein vacuolisiertes Zytoplasma und finden sich vereinzelt oder in dreidimensionalen Zellverbänden, deren Zellkerne exzentrisch liegen. Diese Sedimente enthalten häufig gutartige glanduläre Zellen, wie bei der glandulären Zystitis. Beim Vorliegen reiner Adenocarcinome findet man keine malignen Übergangsepithelzellen.

3.5. Adenocarcinom der Prostata

Adenocarcinomzellen der Prostata exfoliieren nur selten spontan in den Urin, es sei denn, das Carcinom infiltriert die Blase oder das Epithel der Urethra. Die Zellen können durch mechanischen Reiz (Prostatamassage) aus der Prostata herausgepreßt werden.

Zytologisches Bild: Zellen von hochdifferenzierten Prostatacarcinomen haben blasse, runde, relativ kleine Kerne mit zahlreichen prominenten abnorm geformten Nukleoli. Sie finden sich häufig in dichten Verbänden. Bei anaplastischen Carcinomen ist der Zusammenhalt stark herabgesetzt, daraus resultiert eine große Zahl von singulären Carcinomzellen. Die Kerne der anaplastischen Carcinome können groß und ausgesprochen polymorph sein. In diesen Fällen kann es schwer oder sogar unmöglich sein, zwischen einem anaplastischen Urothelcarcinom und einem Adenocarcinom der Prostata zu differenzieren.

3.6. Infiltration der Blase oder Harnleiter von benachbarten Carcinomen und Metastasen anderer Carcinome

Carcinome des Kolon und Rektum können in die Blase infiltrieren. Das zytologische Erscheinungsbild kann nicht von primären Adenocarcinomen der Blase unterschieden werden.

Auch Gebärmuttercarcinome können in Blase und Ureteren infiltrieren. Der Ureter wird im allgemeinen durch den Tumor okkludiert, so daß keine malignen Zellen im Urinsediment erscheinen. Infiltriert das Carcinom jedoch das Blasenurothel, werden auch maligne Plattenepithelzellen im Urin gefunden. Das zytologische Bild ist identisch mit dem reiner primärer Plattenepithelcarcinome der Harnblase.

Wenn ein Carcinom der Ovarien die Blase infiltriert, können im Urin Zellen mit riesigen Tropfen vacuolisierten Zytoplasmas gefunden werden und der Ursprung der Zellen aus dem Ovar vermutet werden. Zellen papillärer Carcinome des Ovars ohne große Vakuolen und anaplastische Carcinomzellen können von reinen urothelialen Carcinomzellen nicht differenziert werden. Metastasen anderer Carcinome mit Exfoliation maligner Zellen in den Urin finden sich im Harntrakt äußerst selten. So wurde z.B. ein Fall von Metastasen eines Schilddrüsencarcinoms beobachtet. Die malignen Zellen im Urin zeigten hier eine auffallende Ortsfremdheit. Auch eine leukämische Infiltration des Blasenurothels tritt sehr selten ein. Zellen von Tumoren des retikulo-endothelialen Systems exfoliieren immer als Einzelzelle (Koss, 1968).

3.7. Adenocarcinom der Nieren

Die Diagnose eines Adenocarcinoms der Niere kann mit Hilfe der Urinzytologie nur dann erfolgen, wenn das Carcinom bereits in das Nierenbeckenkelchsystem infiltriert ist. Adenocarcinome der Niere sind vornehmlich solide Carcinome, manchmal mit papillären Anteilen. Die Zellen haben meist ein reichliches, fein vakuoliertes Zytoplasma und zentrale Kerne. Die Carcinomzellen enthalten häufig Fett. Die celluläre Atypie kann gering sein mit einheitlich kleinen Kernen oder auch einer ausgeprägten Atypie mit sehr großen polymorphen Kernen.
Von Nierencarcinomen abgeschilferte Epithelien sind vornehmlich Einzelzellen, haben eine runde Form und reichlich fein vacuolisiertes Zytoplasma mit einem zentralen Kern. Je nach Zelltypus können die Zellkerne klein sein, sie sind dann monomorph und rund mit relativ großen Nucleoli oder die Zellkerne sind groß, polymorph und haben häufig mehrere unregelmäßig geformte Zellnucleoli. Die Zellen des monomorphen Zelltypus können sehr leicht übersehen werden, da die Zellkerne klein und das Zellkern-Zytoplasmaverhältnis unauffällig ist. In diesen Fällen ist das ungünstige Nucleolus-Nucleus-Verhältnis ein wichtiges Kriterium der Malignität.
Es kann schwierig sein, zwischen den Zellen eines Katheterurins und Nierencarcinomzellen zu differenzieren. Hierbei kann die Zellform eine große Hilfe sein: Zellen in einem Katheterurin (Harnverhalt, distendierte Blase) haben eine diamentartige Kontur, während die Adenocarcinomzellen rund sind. Eine Fettfärbung des luftgetrockneten Ausstriches kann beim Verdacht auf ein Adenocarcinom der Niere weiterhelfen (Milsten et al., 1973). Degenerierte Übergangsepithelien und degenerierte Tubuluszellen können ebenfalls eine positive Fettreaktion zeigen, jedoch ist in diesen Zellen der Fettgehalt wesentlich geringer.

3.8. Strahleneffekte am Urothel

Bestrahlungseffekte an Urothelzellen sind mit denen der Zervixzytologie vergleichbar (Koss, 1968; Loveless, 1973). Folgende Zellveränderungen treten auf: Zellvergrößerung, Zellkernvergrößerung, Veränderungen in der Kernstruktur (Kaulquappen und fibroblastenähnliche Zellen), Vakuolisierung des Zytoplasmas, Eosinophilie des Zytoplasmas, Vielkernigkeit, Vergrößerung des Nucleolus und abnorme Formen des Nucleolus.

Diese Zellveränderungen findet man sowohl an benignen als auch an malignen Zellen. Hervorzuheben ist, daß die Kern-Zytoplasmarelation nicht beeinflußt wird und daß keine größeren Veränderungen in der Chromatinstruktur auftreten. Aufgrund der Tatsache, daß sehr viele Zellen degenerieren, kann das Sediment zahlreiche nekrotische Zellen mit pyknotischen Kernen enthalten. In manchen Fällen ist es schwierig oder gar unmöglich (Cowen, 1975) zwischen den Zellveränderungen an gutartigen Urothelzellen durch die Bestrahlung und den Zellveränderungen an bösartigen Zellen zu differenzieren. Die genaue Analyse der Chromatinstruktur und die Bestimmung der Kern-Zytoplasmarelation ist eine große Hilfe bei der Differenzierung zwischen gutartigen und bösartigen Zellen. Koss (1968) schreibt: „Es erscheint empfehlenswert, die definitive Beurteilung beim Vorhandensein von Bestrahlungseffekten zurückzuhalten, bis eindeutige Aussagen über das Vorliegen eines Carcinoms möglich sind".

3.9. Einfluß von Cytostatika

Cytostatika (Bleomycin, Endoxan usw.), die zur Behandlung anderer als urothelialer Tumoren appliziert werden, können zu einer sterilen Zystitis und einer Haematurie führen. Das Übergangsepithel kann dabei eine ausgeprägte Atypie zeigen, die nur schwer oder gar nicht von einem Malignom zu unterscheiden ist (Forni et al., 1964). Die celluläre Atypie kann sowohl nach Absetzen der Therapie verschwinden oder auch noch nach einem Jahr nachgewiesen werden.

4. Phasen-Kontrast-Mikroskopie des Urinsediments

Bereits früher wurde dargelegt, daß die Phasen-Kontrast-Mikroskopie insbesondere für eine rasche Durchmusterung der Präparate geeignet ist. Wenn der Arzt mit der Methode der einfachen Urinuntersuchung im Hellicht-Mikroskop vertraut ist, kann er leicht rote und weiße Blutkörperchen sowie Bakterien voneinander differenzieren. Sehr oft kann man auch bereits epitheliale Zellen erkennen. Aufgrund der Kontrastlosigkeit können jedoch Details dieser Zellen nicht klar erkannt werden. Mit dem Phasen-Kontrast-Verfahren werden die Kontraste der Strukturen innerhalb der Zelle sowie der Zellmembran verstärkt, und durch die Anwendung einfacher Kriterien können normale und atypische Zellen voneinander unterschieden werden (Abb. 8 und 9).
Es sei eine kurze Erläuterung des Prinzips des Phasen-Kontrast-Mikroskopes (Zernike, 1955) gegeben: Der Einschub einer ringförmigen Blende (Abb 10 A 1) in den Kondensor (C) und einer ringförmigen Phasenplatte (A 2) in das Objektiv (B) resultiert in der Trennung von gebeugten (I) und nicht gebeugten (II) Lichtstrahlen. Die gebeugten Strahlen werden um ein Viertel Wellenlänge verzögert. Danach wirken sie wieder aufeinander ein mit nahezu derselben Amplitude, aber einer Phasendifferenz von Lambda/2. Das Ergebnis ist die Auslöschung durch Interferenz. Alle strukturellen Details des Objektes erscheinen dunkler als das umgebende Medium.
Dabei wird auch ein optischer Artefakt erzeugt: Die Strukturen sind von einem mehr oder weniger starken Hof (Schein) umgeben.
Auf diese Weise können epitheliale Zellen im Urin sehr klar erkannt werden, während sie in der Hellicht-Mikroskopie nur schwach kontrastiert erscheinen, da die Brechungszahlen nur gering von dem umgebenden Medium differie-

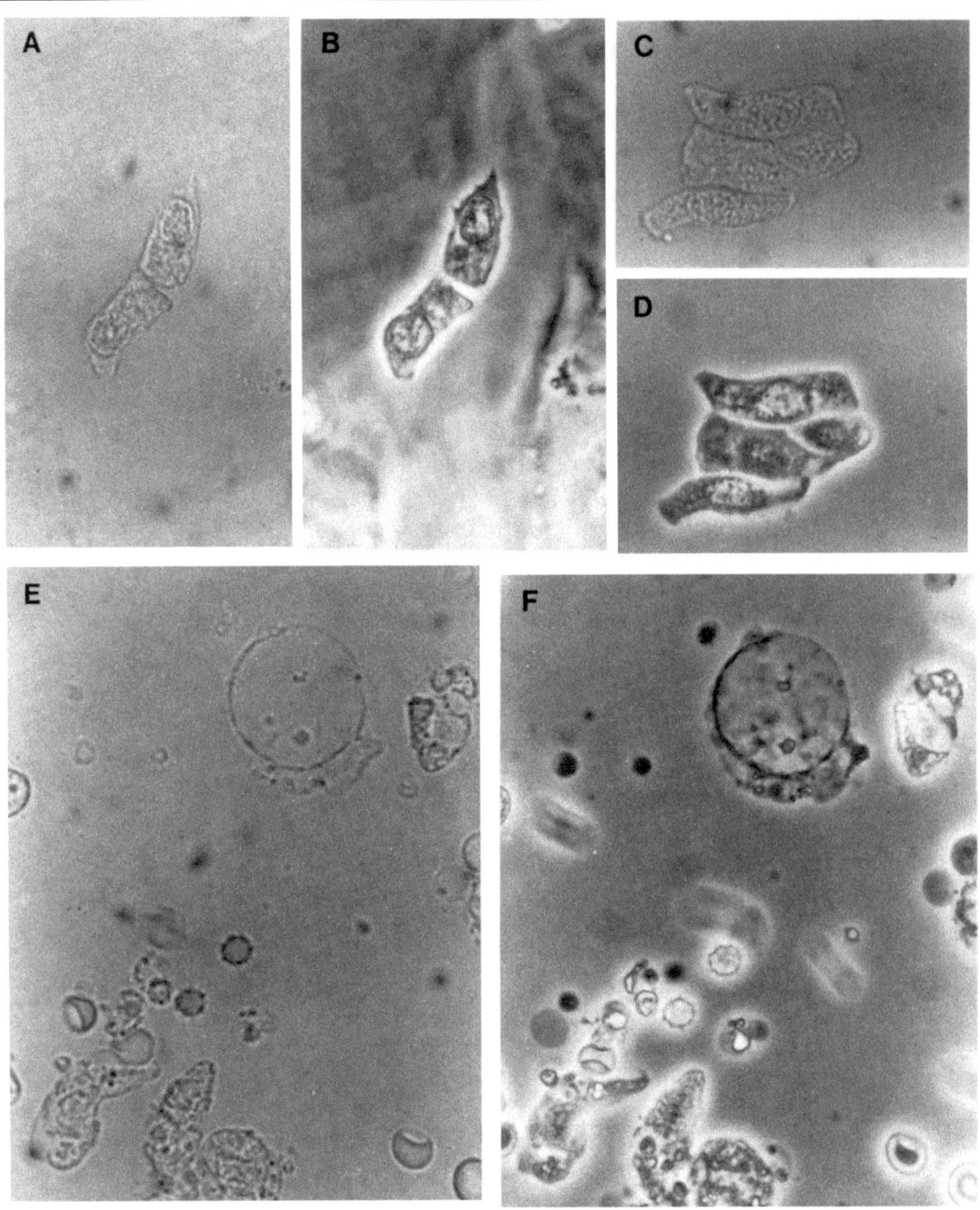

Abb. 8. Unterschiede zwischen normaler Lichtmikroskopie (LM) und Phasenkontrastmikroskopie (PKM). **A** und **B**: Zwei Basalzellen. **C** und **D**: Gruppen von Basalzellen. **E** und **F**: Maligne Zelle mit abnorm großem Zellkern und zwei Kernkörperchen. Sehr wenig Zytoplasma. LM **A, C, E** und PKM **B, D, F**. (×500)

Abb. 9. Vergleich zwischen LM **A, C** und PKM **B, D**, **A** und **B**: Haufen von atypischen Urothelzellen. ▷
A. Ohne Detailerkennbarkeit. **B.** Hervortreten von vielen polymorphen Kernen mit großen Kernkörperchen. **C** und **D** Papillärer Verband atypischer Zellen. Beachte die Unregelmäßigkeit der Zellstruktur, die unterschiedliche Kerngröße und die prominenten Kernkörperchen. **C.** Nur geringe Detailerkennbarkeit. (×500)

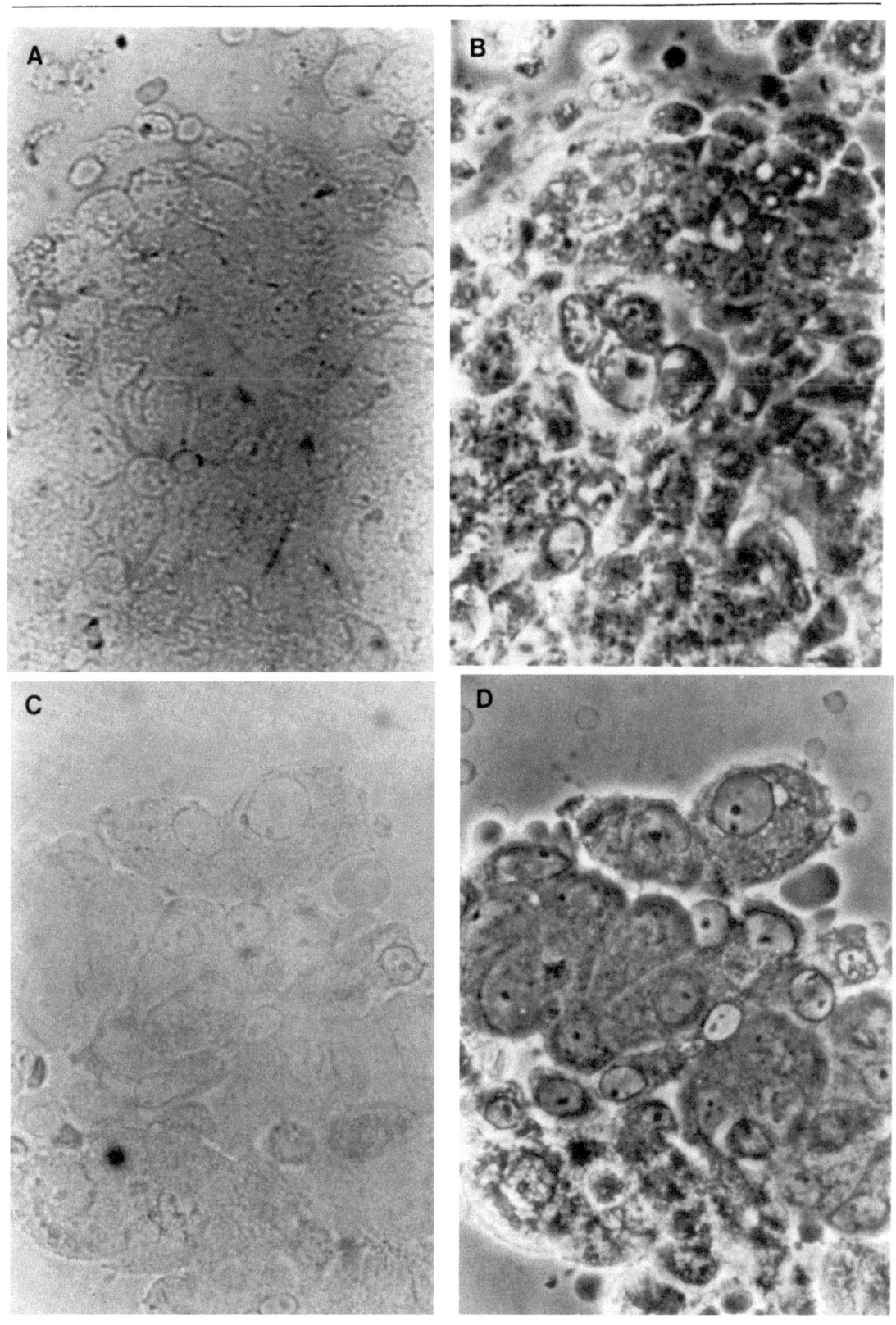

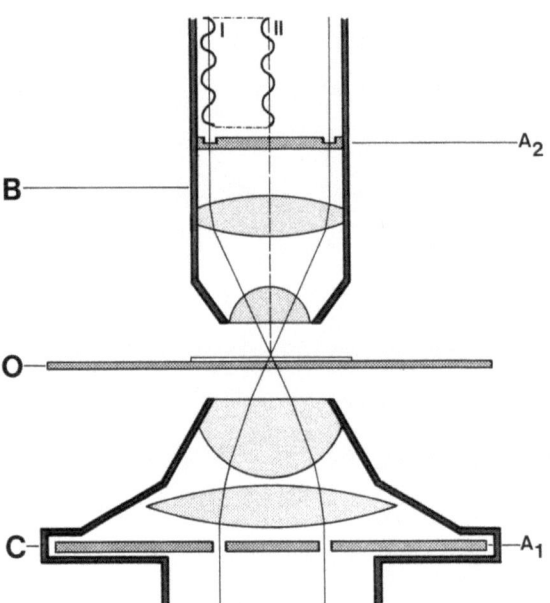

Abb. 10. Prinzip des Phasenkontrastmikroskops (vgl. Text)

ren. Die Kontrastunterschiede sind in den Abb. 8 und 9 dargelegt.

Die Beeinflussung der Objekte durch Färbemethoden ergibt wesentlich stärkere Kontraste und auch eine deutlichere Detailzeichnung. Man muß jedoch berücksichtigen, daß die hierfür benötigte Zeit wesentlich länger und dadurch eine sofortige Beurteilung nicht möglich ist.

Oberflächliche Zellen sind flach, rund oder oval und haben einen zarten runden oder ovalen Kern (Abb. 8 und 11). Basalzellen sind kleiner und langgestreckter; sie haben häufig einen plasmatischen Schwanz. Sie können leicht von oberflächlichen Plattenepithelzellen differenziert werden, die größer sind und kleinere pyknotische Nucleoli haben. Normalerweise liegen Urothelzellen einzeln, doch zuweilen treten sie in Gruppen oder Verbänden in Erscheinung, insbesondere wenn ein papillärer Tumor vorliegt. Im Falle einer Atypie – benigne oder maligne – bestehen in jeder Zelle und dem Zellverband Veränderungen. Diese Veränderungen sollten folgende Fragen auslösen:

1. Treten die Epithelzellen einzeln oder in Gruppen auf?
2. Ist die Anordnung der Zellverbände (wenn vorhanden) regelmäßig oder unregelmäßig?
3. Ist die Kern-Plasma-Relation verändert?
4. Wie ist die Größe und Struktur des Kerns und insbesondere der Kernmembran?
5. Sind Nucleoli vorhanden, und sind sie groß oder multipel?

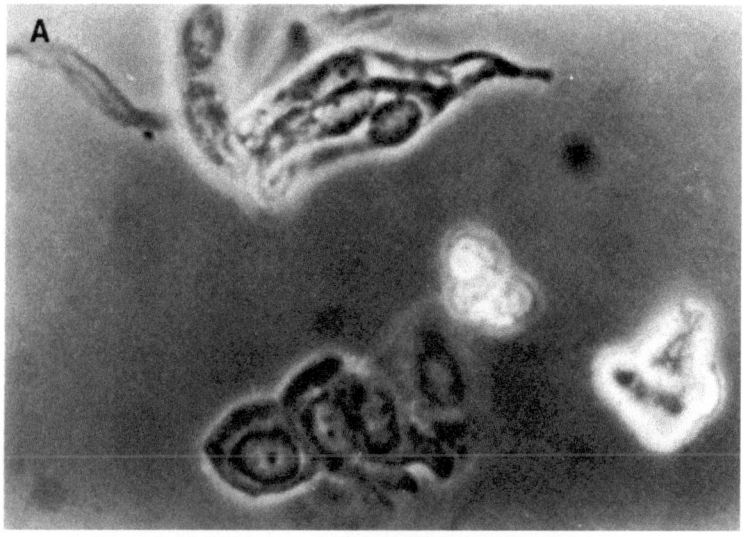
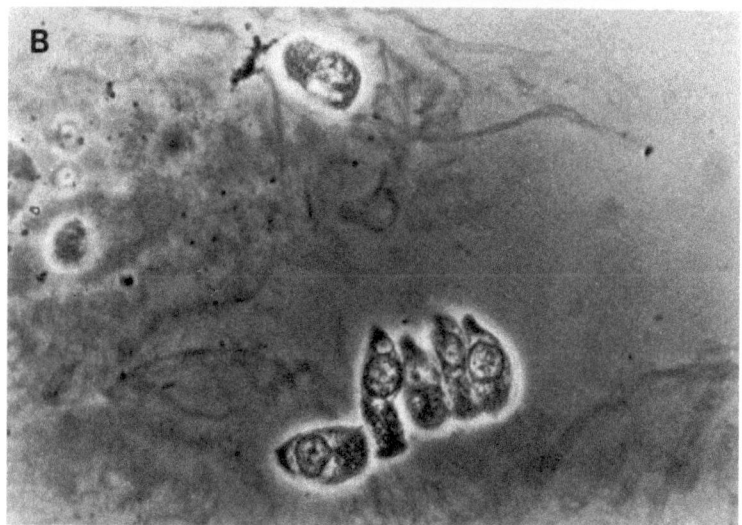
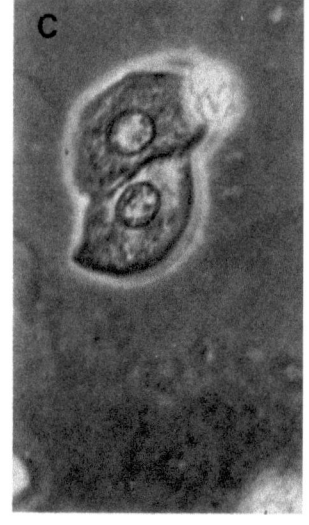
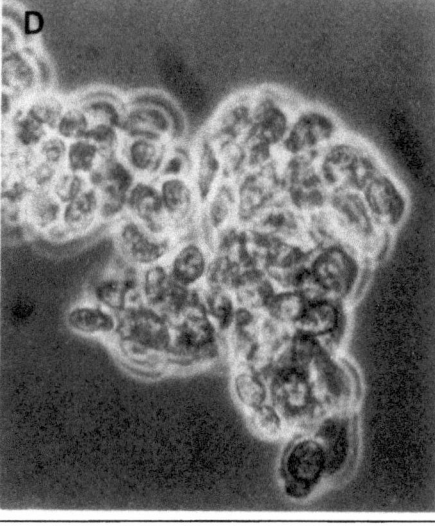

Abb. 11. PKM-Bilder **A, B, C, D** von normalen Urothelzellen im Urin. **A** und **B** Basalzellen. **C** Oberflächliche Zellen (× 500). **D** Gruppe von normalen Urothelzellen in papillomatöser Anordnung

Mit Ausnahme der Chromatinveränderungen können mit dem Phasenkontrastmikroskop die in Tabelle 4 (S.34) aufgeführten Kriterien der Atypie und Malignität erhoben werden. Durch die Beantwortung der oben aufgeführten 5 Fragen ist ein rasches Screening möglich, das in seiner Zuverlässigkeit dem der üblichen Zytologie gefärbter Präparate sehr nahe kommt (s. Kapitel 7).

PKM hat den Vorteil der Untersuchung „vitaler", d.h. hier nicht fixierter Zellen. Ein Nachteil ist, daß die Präparate für eine erneute Untersuchung nicht aufbewahrt werden können und eine Dokumentation nur durch die Mikrophotographie möglich ist.

Schließlich sind auch die Möglichkeiten von Artefakten und unzulänglichen Präparaten zu beachten. Diese beinhalten:

1. Kontamination mit Substanzen, die nicht aus dem Urin bzw. Harntrakt entspringen.
2. Dehydratation des Präparates: Schrumpfung der Zellen und Verlust des Turgors. Die Leukozyten schwellen unter diesen Bedingungen gewöhnlich an.
3. Schwellung der Zellen, Auftreten von Vakuolen, Kernschwellung und schließlich Disintegration des Plasmas durch hypotone Elektrolytlösungen.
4. Bei einer purulenten Blasenentzündung liegen zuviel Leukocyten und Zelltrümmer vor, so daß die Epithelzellen verdeckt werden.
5. Bei einer Makrohämaturie können die Epithelzellen durch die Erythrocyten verdeckt werden.

5. Methylenblau-Färbung des Urinsediments

Wenn die Phasenkontrastmikroskopie nicht möglich ist und eine rasche Orientierung des Sediments gewünscht wird, kann die Methylenblau-Färbung zusätzliche und häufig ausreichende Information liefern. Die Kerne werden sehr intensiv angefärbt, sind jedoch auch bei Tumorzellen ziemlich homogen (Abb. 12). Zellform, Kernmembran, Kern-Plasma-Relation und Chromatinstruktur können gut beurteilt werden. Eine Dokumentation ist ebenfalls nur durch Mikrophotographie möglich; gegenüber dem PKM-Präparat kann das gefärbte Methylenblau-Präparat jedoch noch mehrere Stunden bis Tage nachuntersucht werden.

Vergleichsweise wurden 300 Sedimente gleichzeitig nach PKM, Papanicolaou- und Methylenblau-Technik untersucht. Hierbei ergab sich lediglich eine geringe Überlegenheit der Papanicolaou-Färbung und PKM-Technik (Schiffer et al., 1968).

Testsimplets. Neue Möglichkeiten zur sofortigen Beurteilung des Urins bietet die Aufarbeitung mit farbstoffbeschichteten Objektträgern (Testsimplets – Boehringer Mannheim). Neu-Methylenblau-N und Cresyl-Violett-Acetat sind auf dem Objektträger fixiert. Der Urin wird zentrifugiert, nach dem Dekantieren wird der Bodensatz mit 2 Tropfen physiologischer Kochsalzlösung versetzt und dann ein Tropfen auf die Mitte des Deckglases gebracht und dieses auf die Mitte des Farbfeldes aufgelegt. Nach 5 min sind die Epithelzellen und Leukocyten unter deutlicher Strukturzeichnung gefärbt. Erythrocyten werden nicht gefärbt, und somit kann auch bei einer Makrohämaturie eine zytologische Untersuchung erfolgen. Erste Ergebnisse legen sogar Vergleiche in der Detailerkennbarkeit mit der Färbung nach Papanicolaou nahe (Rathert et al., 1978). Eine genauere Analyse und statistische Auswertung erfolgt derzeit. Für die Anwendung in der Praxis spricht insbesondere auch die Einfachheit und Sauberkeit der Anwendung (Preiss u. Rathert, 1978).

Abb. 12. Methylenblau-Färbung. **A** Die Differenzierung der Zelltypen eines Blasencarcinoms Grad II ist durch eine eitrige Zystitis erschwert. Zentral findet sich eine maligne Zelle (× 125). **B** Optimale durch Methylenblau erzielbare Darstellung der Kernstruktur. Normalerweise können Nucleoli nicht erkannt werden. Am Rand (→) eine Tumorzelle (× 125). **C** und **D** Färbung mit Methylenblau-N und Cresyl-Violett Acetat (Testsimplets). **C** 65jähriger Patient. Urothelcarcinom Grad III. Verdichtete Kernmembran. Mehrere Kernkörperchen und Kerneinschlüsse, die gut zu differenzieren sind. Verschiebung der Kern-Plasma-Relation. Erythrocyten bleiben ungefärbt (× 425). **D** 72jähr. Pat. Urothelcarcinom Grad II. Aufgelockerte Kernstruktur, vermehrt Nucleoli. Vakuolisiertes Zytoplasma. Gute Differenzierung der Zellelemente (× 125).

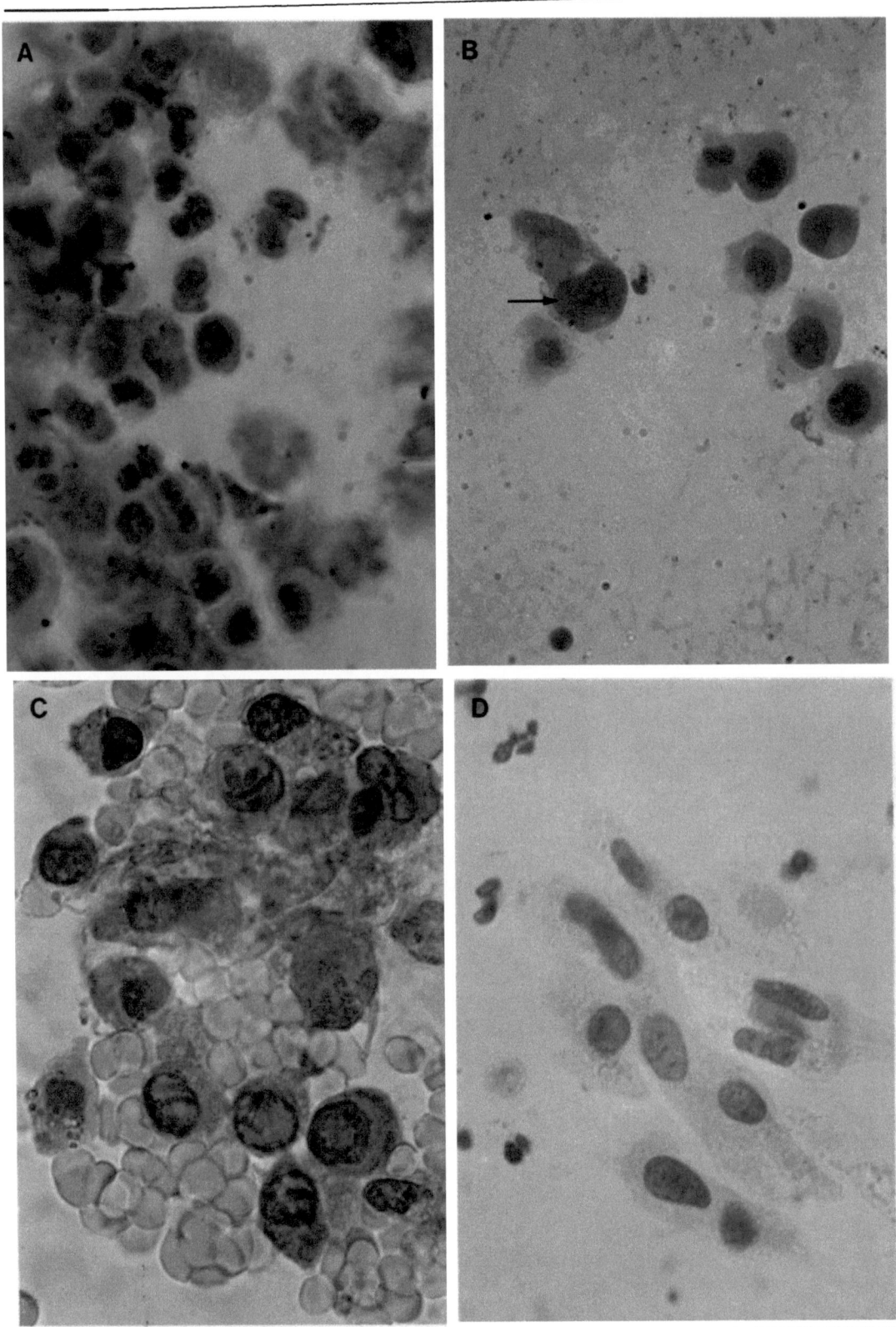

6. Epidemiologie und Ätiologie der Urotheltumoren

Die frühzeitige Erkennung eines Tumors des Urothels ist entscheidend für die Prognose und damit für bessere Überlebensraten. Wenn auch eine allgemeine routinemäßige urinzytologische Untersuchung der Bevölkerung die ideale Methode zur Früherkennung wäre, zwingen ökonomische und personelle Begrenzungen dazu, das Screening auf bekannte Risikogruppen zu konzentrieren. Daher sollen hier einige Fakten im Hinblick auf die Epidemiologie und Ätiologie der Urotheltumoren gegeben werden.

Von den Urotheltumoren sind 96% Blasentumoren. Von den verbleibenden sind 1,4% im Nierenbecken lokalisiert, 2,1% im Harnleiter und 0,5% in der hinteren Harnröhre (Oyasu u. Hopp, 1974). Diese Zahlen aus der Literatur und unsere eigenen (vgl. Kapitel 4.1.) verdeutlichen sehr klar, warum nahezu alle Screening-Programme und ätiologische sowie auch epidemiologische Forschungen sich auf die Blasentumoren beziehen.

Das Blasencarcinom ist einer der führenden Tumoren bei Männern und seine Häufigkeit nimmt noch immer zu. Es macht etwa 4% aller männlichen und 2% aller weiblichen Tumoren aus. Männer werden nahezu dreimal häufiger betroffen als Frauen.

Die altersspezifischen Häufigkeitsraten zeigen bei beiden Geschlechtern einen kontinuierlichen Anstieg vom 20. Lebensjahr an (Abb. 13). Der Häufigkeitsgipfel findet sich bei Männern in den Altersgruppen von 60–64 bis 75–79 Jahren und bei Frauen von 65–69 bis 75–79 Jahren. Das Durchschnittsalter für Männer beträgt 67,7 Jahren, für Frauen 69,7 Jahre. Nichtsdestoweniger sollte auch schon beim Kleinkind jede Hämaturie zunächst als tumorbedingt angesehen werden, bis eine andere Ursache nachgewiesen wurde.

Die letzten Statistiken zeigen, daß erwartet werden kann,

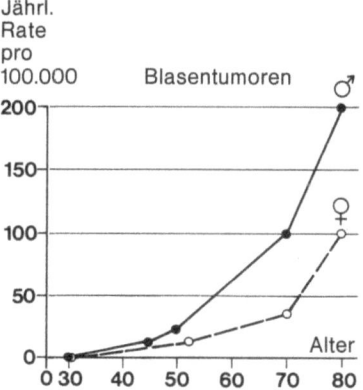

Abb. 13. Altersverteilung und jährliche Häufigkeitsrate von Blasentumoren in den USA (Silverberg, 1973)

daß sich bei 1 von 55 neugeborenen Knaben und bei 1 von 130 neugeborenen Mädchen im Verlaufe des Lebens ein Blasencarcinom entwickeln wird (Silverberg, 1973).

Während der letzten 20 Jahre hat sich die Häufigkeitsrate in den westlichen Industrieländern erhöht. Zum Teil ist dies auf Veränderungen der Registrierungsverfahren zurückzuführen, es ist aber sicher auch für die meisten Länder eine reale Zunahme.

In Stadtgebieten industrialisierter Länder – mit wenigen bemerkenswerten Ausnahmen – ist die Häufigkeit, Morbidität und Mortalität des Blasencarcinoms im allgemeinen höher als in unterentwickelten Gebieten (Hueper, 1969). Wenn auch die für die höhere Inzidenz in Städten und bestimmten Ländern verantwortlichen Faktoren noch nicht vollständig identifiziert sind und eine Herausforderung an alle am Blasencarcinom Interessierten darstellen, geht aus den bisherigen Daten doch eindeutig hervor, daß sie mit der Urbanisierung zusammenhängt und Umweltfaktoren eine nicht zu vernachlässigende Rolle bei der Genese von über 15% der Blasencarcinome spielen.

Es gibt keine rassische oder genetische Prädominanz. Alle Untersuchungen in dieser Hinsicht können durch Umweltfaktoren erklärt werden und sind statistisch nicht signifikant (Hueper, 1969).

Auch die 24% höhere Tumorrate bei Männern der untersten sozio-ökonomischen Schichten können auf äußere Einflüsse zurückgeführt werden (Stocks, 1963). Einige Fakten unterstützen das Konzept der Entstehung vieler Tumoren des Harntraktes durch den Kontakt mit dem Urin. Das Urothel wird einer Vielzahl verschiedener chemischer endogener und exogener, normaler und anomaler, physiologischer, toxischer und carcinogener Substanzen ausgesetzt, die aus zahlreichen Quellen auf verschiedenen Wegen in den menschlichen Körper gelangen und mit dem Urothel reagieren. Unter den vielen Hypothesen über die Ätiologie von Uroteltumoren (chronische Irritation, dysontogenetische und genetische Faktoren, Viren) repräsentiert die chemische Carcinogenese das am besten belegte und weitverbreiteste Prinzip.

Die Geschichte des Blasencarcinoms als einer Umwelterkrankung beginnt 1895, als Rehn über den Blasenkrebs bei Patienten berichtete, die über viele Jahre mit der Herstellung des Farbstoffes Fuchsin beschäftigt waren (Rehn, 1895).

Heute werden zahlreiche Chemikalien angeschuldigt, sowohl für den Tumor des Harntrakts bei einigen tausend

Arbeitern verantwortlich zu sein, die Farbstoffzwischenprodukte, Farben und Gummiantioxydantien herstellen, als auch für den Blasentumor bei einigen Patienten, die mit zytostatischen aromatischen Aminoverbindungen behandelt wurden, und weiterhin stellen sie ein potentielles und nicht genau determiniertes Krebsrisiko für Millionen der Allgemeinbevölkerung dar, die diese Chemikalien aus Farben in Lebensmitteln, Medikamenten und Kosmetika aufgenommen haben. Eine ausgezeichnete Übersicht über alle relevanten Chemikalien wurde von Hueper (1969) erstellt.

Eine carcinogene Potenz des Zigarettenrauchens im Hinblick auf das Blasencarcinom konnte bisher nicht nachgewiesen werden. Trotz zahlreicher auch intensiv referierter und kommentierter Studien, hält bisher keine einer statistischen Sicherung stand (Hueper, 1969). Bei der intensiven Untersuchung des Rauchens auf die allgemeine Carcinogenese ist zu erwarten, daß noch neue Ergebnisse mitgeteilt werden, da die Teersubstanzen des Tabaks natürlich carcinogene Potenzen auch im Hinblick auf das Urothel erwarten lassen. Vutuc und Kunze (1979) haben sie dargelegt.

Schon zu Beginn dieses Jahrhunderts wurde ein Zusammenhang zwischen einer Schistosoma haematobium-Infektion und Tumoren der Harnblase nachgewiesen. Bis heute wurde der eigentliche auslösende Mechanismus nicht eruiert. Studien in Ägypten und Mozambique, wo die Blasenschistosomiasis weit verbreitet ist (40–45% der Bevölkerung sind stets infiziert, und 85% der ägyptischen Bevölkerung wird irgendwann einmal infiziert), zeigten, daß die weit überwiegende Zahl der befallenen Menschen keinen Blasentumor entwickelt. Dennoch ist der Tumor der Bilharzioseblase einer der dominierenden Tumoren in Ägypten und repräsentiert 11–40% aller Carcinome. Daher sollte bei allen Patienten mit einer Bilharziose routinemäßig die Urinzytologie durchgeführt werden. Bilharziose-Carcinome sind meist Plattenepithelcarcinome, gefolgt von Übergangszellcarcinomen und Adenocarcinomen im Verhältnis 70:25:5 (Oyasu u. Hopp, 1974).

Epidemiologische und ätiologische Daten im Hinblick auf Nierenbecken- und Uretertumoren sind sehr rar; es sei denn im Zusammenhang mit Blasentumoren. Berichte aus Schweden (1965), die eine kausale Beziehung zwischen der übermäßigen Einnahme phenazetinhaltiger Analgetika und Tumoren des Nierenbeckens vermuteten, wurden skeptisch aufgenommen. Folgende Fallbeschreibungen aus anderen Ländern als auch pharmakologische und epidemiologische

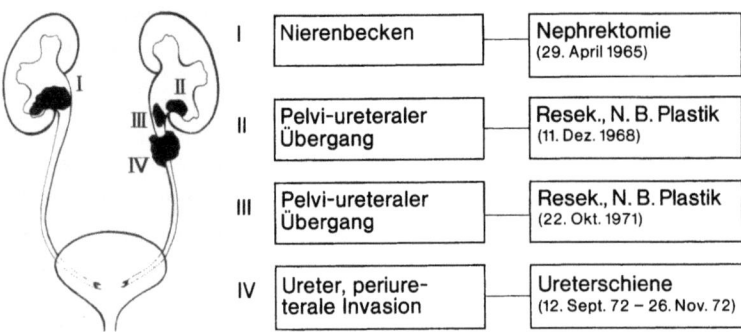

Abb. 14. Bilaterale asynchrone Nierenbeckencarcinome einer 76jährigen Frau nach exzessivem Analgetikaverbrauch über 50 Jahre (allein über 4 kg Phenazetin). Im Verlauf der Jahre wurden verschiedene Operationen erforderlich

Studien unterstützten jedoch die Hypothese (Angervall et al., 1969; Rathert et al., 1975). Heutzutage ist die Urinzytologie bei allen Patienten mit einer exzessiven Analgetikaanamnese unabdingbar und bei zwei dieser Patienten wurde die Tumordiagnose bereits durch die zytologische Untersuchung gestellt. Ein anderer Grund für die sorgfältigen zytologischen Kontrolluntersuchungen ist die hohe Rezidivrate und das multilokuläre Auftreten dieser Tumoren (Abb. 14).

In Jugoslawien wurde 1953 ein außergewöhnlicher Anstieg an Nierenbecken- und Harnleitertumoren festgestellt (Petković, 1975). Viele dieser Patienten kamen aus Regionen, in denen die Bevölkerung von der endemischen Nephropathie (Balkannephritis) befallen ist. Die Ursache dieser degenerativen interstitiellen Nierenerkrankung ist unklar; wenn auch in letzter Zeit im Trinkwasser zahlreicher Haushalte dieser Region eine hohe Konzentration von Radon und Mineralien nachgewiesen wurde. Das klinische Bild und der natürliche Verlauf entspricht weitgehend der Analgetikanephropathie, und sogar die Tumoren zeigen das gleiche Verhalten. Zytologische Durchuntersuchungen und Verlaufskontrollen sind bei diesen Patienten von Bedeutung.

Sogar Ernährungsgewohnheiten (Farnkraut u.a.) können zur Entstehung urothelialer Tumoren beitragen (Pamukcu et al., 1976).

Der große Forschungsaufwand über urotheliale Carcinome hat einen Schlüssel für das Verständnis von etwa 20% dieser Tumoren gebracht. Der großzügigere Einsatz der Urinzytologie sollte weitere Hinweise auf andere carcinogene Bedingungen und Substanzen, wie z.B. Immunotherapeutika, Zytostatika und chronische Irritation durch Steine oder Katheter, geben.

7. Aussagefähigkeit der Urinzytologie zur Entdeckung von Tumoren des Harntraktes

Die Urinzytologie hat als Routinelaborverfahren zur Früherkennung und zur Verlaufskontrolle von Patienten mit Blasentumoren weitgehende Anerkennung gefunden.

Wie jede diagnostische Methode hat sie jedoch auch ihre Begrenzungen und Fehldiagnosen selbst in der Hand von Fachleuten, die verfeinerte Verfahren zur Zellanreicherung und Ausstrichanfertigung einsetzen. Für den Kliniker ist es wichtig zu wissen, wann die Urinzytologie unabdingbar ist und wann diagnostische Fehler leicht auftreten.

In diesem Kapitel soll die Aussagefähigkeit der Urinzytologie bei Gebrauch von Spontanurin, einfacher Präparationstechniken und Färbeverfahren (vgl. Kapitel 2) untersucht werden. Das Material besteht einmal aus 5495 Urinproben von 2709 Patienten (Leiden). Untersucht wurden Sensitivität und Spezifität der Tests, d.h. wie genau alle Patienten mit einem Tumor erkannt werden, wie zwischen Tumor- und Nichttumor-Patienten differenziert wird und welche Parameter die Ergebnisse beeinflussen.

Zum anderen wurden bei 106 Patienten mindestens für 3 Jahre nach einer Blasentumoroperation die zytologischen und zystoskopischen Kontrollergebnisse verglichen (Abb. 2). Bis zu 6 Monaten nach der Operation wurde durch die Zytologie bei 27,5% der Fälle ein Rezidiv früher als durch die Zystoskopie erkannt. Bei 7,5% der Fälle wurde die Zytologie fälschlicherweise positiv eingestuft. Nach 3 Jahren jedoch hatten nur 3,7% der Patienten ein positives zytologisches Ergebnis bei gleichzeitig zystoskopisch negativem Befund. Daher sollten unbedingt beide Methoden routinemäßig bei der Verlaufskontrolle von Patienten mit einem transurethral oder offen resezierten Blasentumor eingesetzt werden.

7.1. Diagnose bei Patienten mit positivem zytologischen Befund

Die klinische und histologische Diagnose von 165 Patienten mit einem zytologisch positiven Befund sind in Tabelle 5 aufgeführt. In der Mehrzahl der Fälle wurde ein Carcinom des Harntrakts bestätigt (zur Lokalisation vgl. Tabelle 2, Kapitel 3). Bei 11 Patienten lag eine Urolithiasis vor und 4 wurden mit Cyclophosphamid behandelt. Bei 4 Patienten gab es weder eine histologische Sicherung noch eine Kontrolluntersuchung. Von den 4 zytostatisch behandelten Patienten starb einer an einem Lymphosarkom und einer an M. Hodgkin. Die anderen beiden (M. Kahler und M. Brill-Symers) entwickelten im Verlauf ihrer Grunderkrankung ein Blasencarcinom. Die „malignen" Zellen im Urin der Patienten mit Steinen verschwanden nach der Steinentfernung.

Tabelle 5. Histologische Diagnose bei 165 Patienten mit positivem zytologischem Befund (Leiden, 1970–1975). Das Verhältnis von richtig positiven und falsch positiven Resultaten beträgt 146/13. Von den 13 Fällen hatten 11 einen Harnstein und 2 wurden mit Cyclophosphamid behandelt

Carcinom des Urothels	146
Urolithiasis	11
Keine Verlaufskontrolle	2
Keine Histologie	2
Cyclophosphamid-Therapie	4*
Summe	165

* Zwei entwickelten ein Urothel-Carcinom

7.2. Diagnose bei Patienten mit atypischem zytologischen Befund

Die Analyse von 155 Patienten mit atypischen Zellen im ersten Urinsediment ist in Tabelle 6 aufgeführt. Bei 69 Patienten (46%) konnte innerhalb des nächsten Jahres ein Tumor nachgewiesen werden. In 50 Fällen lag nach der histologischen Untersuchung ein Tumor von Grad II, III oder IV vor. Diese Fälle repräsentieren echte zytologische Fehl-

Tabelle 6. Klinische und histologische Diagnose, wenn die erste zytologische Diagnose „Atypie" lautete (Leiden)

Papillärer Tumor Grad I	19 ⎫ 69 Tu-
Carcinom (Grad II, III und IV)	50 ⎭ moren
Bestrahlungseffekt	15
Zytostatikabehandlung	10
Nach TUR; unauffällige spätere Proben	6
Chronische Cystitis	20
Harnsteine	7
Prostataadenom	8
Phenazetinmißbrauch	1
Atypische Urothelhyperplasie	2
Cystennieren	1
Ileumconduiturin	2
Unbekannt	14
Summe	155

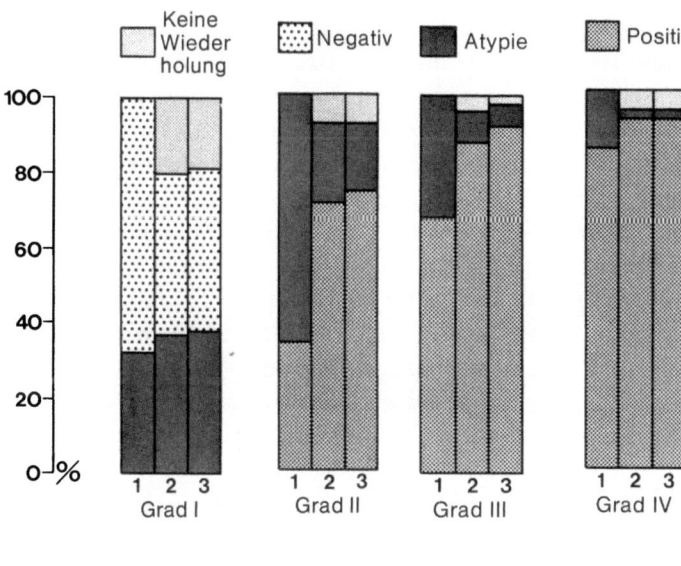

Abb. 15a. Anstieg der diagnostischen Effektivität mit Zunahme der Proben (Wiederholungsuntersuchungen, Leiden). Die Zytologie erfolgte durch den Pathologen. 47 Patienten mit Tumoren Grad 0–I, 38 Patienten mit Grad II-(III ohne Infiltration), 53 Patienten mit Grad III- und 41 Patienten mit Grad IV-Tumoren

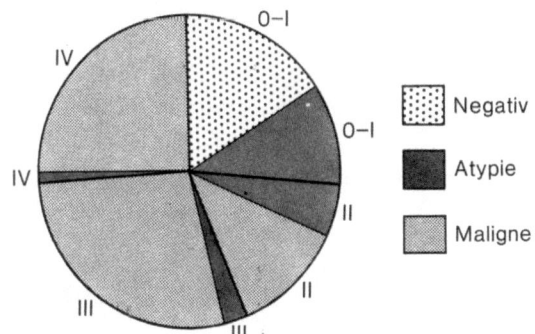

Abb. 15b. Endgültige zytologische Diagnose (gleiche Fälle wie Abb. 15a). Aus der Aufgliederung wird deutlich, daß die Sensitivität der Urin-Zytologie teilweise vom Anteil der Grad III- und IV-Tumoren abhängt. Hier waren über 50% der Tumoren vom Grad III und IV

diagnosen anhand des ersten Ausstrichs. Lediglich in 14 dieser Fälle lautete jedoch auch nach wiederholtem Ausstrich die Diagnose weiterhin „Atypien" (Abb. 15a) und bei 3 weiteren Fällen ergab sich ein zytologisch „positiver" Befund. In 19 Fällen ergab die Histologie einen Tumor von Grad I, und hier reflektiert die Zytologie somit die Histologie.

In den verbleibenden 86 Fällen (55%) konnte während der Kontrolluntersuchungen kein Tumor gefunden werden; in der Mehrzahl dieser Fälle normalisierte sich der zytologische Befund nach der Behandlung der zugrundeliegenden Erkrankung.

7.3. Sensitivität und Spezifität der Urinzytologie

Die Sensitivität der Urinzytologie ist von der Tumorart abhängig (Abb. 15a, b und 16). Bei einem Grad II-Tumor steigt sie von 34%, wenn ein Präparat untersucht wird, bis auf 79% an, wenn drei Urinproben analysiert werden. Für Grad III- und IV-Carcinome lauten die entsprechenden Zahlen 65% und 85% bzw. 92% und 98%. *Erfreulicherweise ist die Urinzytologie dann am zuverlässigsten, wenn die Prognose besonders ungünstig und damit eine frühe Erkennung des Tumors besonders wichtig ist (Kern, 1975).* Hierbei handelt es sich um die Carcinome Grad III und IV, die Plattenepithel- und Adenocarcinome. Besonders aber auch dann, wenn der Tumor nicht makroskopisch erkennbar ist und die Entdeckung somit vornehmlich auf die Urinzytologie beruht wie beim Carcinoma in situ (Tabelle 7). Die Urinzytologie ist weniger effektiv zur Erkennung von Tumoren mit Grad 0-I (Tabelle 7). Wenn man das Vorhandensein von atypischen Zellen als Zeichen eines papillären Tumors Grad 0-I ansieht, beträgt die Sensitivität 40% (Tabelle 6).

Die Spezifität der Urinzytologie zur Diagnose eines Carcinoms des Harntrakts ist hoch; Ausnahmen bilden die Urolithiasis, Zytostatikatherapie und Manipulationen. Faßt man alle Ergebnisse zusammen, kommt man zu folgender Spezifität:

$$\frac{\text{Anzahl richtig negativer Resultate}}{\text{Anzahl richtig negativer Resultate} + \text{Anzahl falsch positiver Resultate}} = \frac{2553}{2717} = 99\%.$$

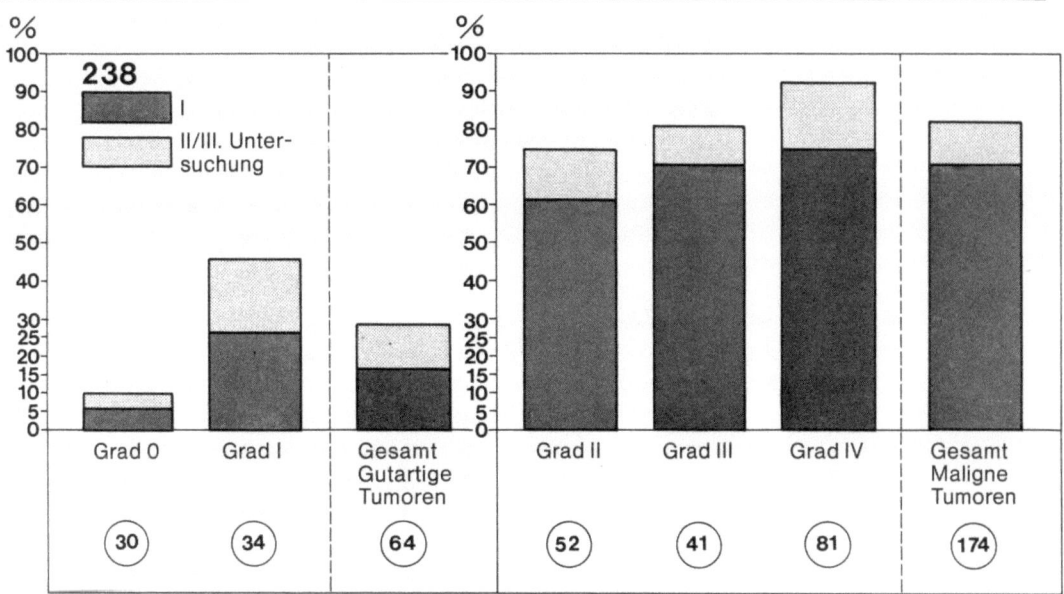

Abb. 16. Zunahme der diagnostischen Zuverlässigkeit mit der Anzahl der untersuchten Proben und dem Tumorgrad bei 138 histologisch gesicherten Blasentumoren (Aachen). Die zytologische Untersuchung wurde vom Kliniker selbst vorgenommen. Diese Zahlen unterscheiden sich leicht von denen in der Abb. 15, besonders bei den Grad I-Tumoren. Die Spezifität war geringer, aufgrund einer höheren falsch positiven Rate, die zur Erzielung einer höheren Sensitivität in Kauf genommen wurde. Dieses Vorgehen empfiehlt sich dann, wenn der Kliniker die zytologischen Präparate selbst untersucht und die Ergebnisse zum gesamten Krankheitsbild des Patienten in Relation setzen kann

Tabelle 7. Beziehung zwischen zytologisch positivem Befund sowie histologischem Grading und Differenzierung (Leiden, 1970–1975)

	Gesamtzahl	Zytologisch positive Probe:			
		1.	2.	3.	>3.
Grad 0–I-Tumor	47	0	0	0	0
Grad II-Tumor ohne Infiltration	3	3	–	–	–
Grad II-Tumor mit Infiltration	35	10	14	1	2
Grad III-Tumor	53	36	11	2	–
Grad IV-Tumor	41	35	3	2	–
Carcinoma in situ	16	11	4	1	–
Plattenepithelcarcinom	8	8	–	–	–
Adenocarcinom	4	3	–	–	–

Die Daten der ersten beiden Kolumnen wurden dem χ^2-Test für Kontingenzproben unterzogen: $\chi^2 = 34,8$ DF = 6. Adeno- und Plattenepithelcarcinome wurden zusammengefaßt. Das Ergebnis ist hochsignifikant ($p < 0,0001$). Die Nachweisrate von Tumoren Grad II, III bzw. IV differiert. Die Differenz zwischen Grad IV-Carcinomen und den zusammengefaßten Fällen mit Carcinoma in situ, Adeno- und Plattenepithelcarcinom (alle mit bekannt hoher Exfoliationsrate) waren nicht signifikant

Atypische Zellen finden sich nicht nur bei Patienten mit Grad 0-I-Tumoren. Nur bei 15% der Fälle mit derartigen Zellen lag ein Tumor vor.

Bis zu einem gewissen Grad sind Sensitivität und Spezifität wechselseitig kontradiktorisch. Bemüht man sich um hohe Sensitivität, sinkt die Spezifität. Dies zeigt sich deutlich in den Abb. 15 und 16 und der großen Varianz der Zuverlässigkeit bei anderen Autoren (Tabelle 8). Eine absolut zuverlässige Differenzierung zwischen atypischen und malignen Zellen wird unmöglich bleiben. Die Bemühung, dies zu erzielen, wird auf der einen Seite in der Entdeckung echter Malignome resultieren und auf der anderen Seite eine Vielzahl von Läsionen aufdecken, von denen einige bis zu einem Tumor fortschreiten können.

Tabelle 8. Zytologische Diagnosen bei Carcinomen des Harntrakts

Autor	Jahr	Gesamtzahl	Positive (histol.) Grad II-, III-, IV-Tumoren	% richtig positive zytolog. Diagnosen	falsch positive zytolog. Diagnosen (Verdacht-Diagn. in Klammern)
Papanicolaou	1945	240	76	71,5	2
Chute	1947	109	59	55	13
Harrison	1951	614	67	100	15
Crabbe	1952	1000	26	73,1	4 (3)
Silberblatt	1953	494	32	81	8
Crabbe	1956	1800	63	90,3	10
Foot	1958	678	212	61,7	6
Roland	1957	2414	176	P.S.	8
Feeney	1958	218	61	34,4	0
Johnson	1964	n.m.	165	64,2	3
Umiker	1964	n.m.	28	85,7	–
Tsai	1968	115	27	84	9
Park	1969	524	84	97,7	2
Puntula	1969	157	25	68	5
Esposti	1970	567	215	68	(6)
Harris	1971	335	20	100	(2)
Sarnacki	1971	1400	453	62	29
Schiffer	1971	107	43	95	8
Schoones	1971	163	114	70.2	0
Forni	1972	8249	7	P.S.	3
Reichborn	1972	245	88	85	34
Wiggishof	1972	153	84	82,1	0
Esposti	1972	448	274	78	(1)
Tyrkkö	1972	3433	184	76	18 (9)

n.m. = nicht angegeben. P.S. = ungezielte Bevölkerungsuntersuchung.

7.4. Die Zuverlässigkeit der vorläufigen PKM-Diagnose

Die Phasenkontrastmikroskopie (PKM) wird als Orientierungsuntersuchung in der Urologie direkt vorgenommen. Photos werden von den am stärksten abnormen Zellen angefertigt. Eine Kontrolluntersuchung der gleichen Probe ist aufgrund der in wenigen Stunden erfolgenden Degeneration nicht möglich. Ein ernstes Problem – wie im Kapitel 4 beschrieben – ist zuweilen die Behinderung der zytologischen Untersuchung durch zu viele Leukocyten oder Erythrocyten. Ein Problem das bei der Testsimpletstechnik fortfällt (S. 49).

7.4.1. PKM-Unterdiagnostik

Tabelle 9 zeigt, daß in 59% der richtig positiven Fälle die PKM-Untersuchung auch positiv war. Zellverbände wurden in 10 Fällen beobachtet. Von diesen 10 Patienten hatten 4 ein papilläres Carcinom, 5 hatten einen papillären Tumor Grad 0 oder I und einer hatte eine Pyelonephritis. Die Anwesenheit von Zellverbänden weist somit auf einen papillären Tumor hin, dessen histologische Differenzierung jedoch noch nicht mit Sicherheit vorausgesehen werden kann.

Tabelle 9. PKM-Angaben im Falle eines positiven zytologischen Befundes (Färbung) und histologische Sicherung eines Carcinoms (Leiden, 1970–1975)

Phasenkontrastmikroskopie-Befund	
Positiv	63
Verdächtig	13
Negativ	6
Zuviele Erythrocyten	13
Zuviele Leukocyten	1
Zuviele Erythrocyten und Leukocyten	5
Zellverbände	4
Zu wenig Epithelzellen	1
Summe	106

7.4.2. PKM-Überdiagnostik

Die Diagnose von 63 zufällig gewählten positiven PKM-Präparaten wurde mit der Diagnose verglichen, die aufgrund gefärbter Präparate gestellt wurde. Es gab 9 falsch positive PKM-Diagnosen. Diese Patienten hatten Zystitis, Prostatitis, Urolithiasis und Zytostatika-Behandlung. Ein Patient hatte ein Prostata-Carcinom ohne pathologische

Zellen im gefärbten Präparat. Die bei der PKM als positiv beschriebenen Zellen zählten zum Urotheltyp. Somit waren in 86% der Fälle die PKM-Diagnosen richtig im Vergleich zur konventionellen Zytologie, und in 14% der Fälle war die Diagnose falsch positiv. Somit ist die Phasenkontrastmikroskopie als Orientierungsuntersuchung sehr nützlich. Sie kann jedoch nicht allein zur Erzielung der definitiven Diagnose eingesetzt werden.

Danksagungen

Die Autoren möchten ihren Dank an Prof. Dr. A. Schaberg, Prof. Dr. P.J. Donker und Prof. Dr. W. Lutzeyer für deren Ratschläge und Unterstützung während der Entstehung dieses Buches Ausdruck geben.
Auch die Studenten der Zytologie trugen mit ihren kritischen Fragen und Bemerkungen zur Gestaltung bei.
Zu Dank verpflichtet sind wir auch Frl. J.A.M. Brussee, Fr. P.W. Arentz, Frau A.C. Muller-Kobold-Wolterbeek, Frau E. Lahm und Frau J. Michael für die sorgfältige Färbung von Sedimenten und Schnitten sowie Herrn R.M.L. Herner und Herrn K.G. van der Ham und den Mitarbeitern des Audio-visuellen Departments Leiden sowie Frau Servais und den Mitarbeitern des Photolabors Aachen für die fachmännische Bearbeitung der Filme. Die zytologischen Zeichnungen verdanken wir den Herren W.C. van Kleef und E. Vijsma, die Graphiken Herrn W. Göbel.

Literatur

Allegra, S.R., Fanning, J.P., Streker, J.F., Coverse, N.M.: Cytologic diagnosis of occult and "in situ" carcinoma of the urinary system. Acta cytol. (Baltimore) **10**, 340–349 (1966)

Angervall, L., Bengtsson, U., Zetterlund, C.G.: Renal pelvic cancer in a Swedish district with abuse of a phenacetin containing drug. Brit. J. Urol. **41**, 401–405 (1969)

Anderson, E.E., Cobb, O.E., Glenn, J.F.: Cyclophosphamide hemmorhagic cystitis. J. Urol. (Baltimore) **97**, 857–858 (1967)

Anderson, W.A.D.: Pathology. The C.V. Mosby Company, St. Louis 1971

Arnold, Komp, D., Peterson, W., Johnston, C., Santos Neto, J.G.: The cytocentrifuge. A useful tool in cancer diagnosis. Virginia med. Monthly **31**, 708 (1973)

Ashton, P.R., Lambird, P.A.: Cytodiagnosis of malakoplakia. Report of a case. Acta cytol. (Baltimore) **14**, 92 (1970)

Barlebo, H., Sørensen, B.L., Søeberg Ohlsen, A.: Carcinoma in situ of the urinary bladder. Scand. J. Urol. Nephrol. **6**, 213–223 (1972)

Beale, L.: The Microscope in Its Application to Practical Medicine, 2nd ed. London: Churchill, 1858

Bennington, J.L., Beckwith, J.B.: Tumors of the kidney, renal pelvis and ureter. Armed Forces Institute of Pathology, Washington D.C., 1975

Bergkvist, A., Ljungqvist, A., Moberger, G.: Classification of bladder tumours on the cellular pattern. Acta chir. scand. **130**, 371–378 (1965)

Beyer-Boon, M.E.: The Efficacy of urinary cytology. Dissertation, Leiden 1977

Bibbo, M., Gill, W.B., Harris, M.J., Chien-Tai Lu, Thomson, S., Wied, G.L.: Retrograde brushing as a diagnostic procedure of ureteral, renal pelvic and renal calyceal lesions. A preliminary report. Acta cytol. (Baltimore) **18**, 137–141 (1974)

Booth, E.: Cytological screening tests for chemical workers exposed to bladder carcinogens. J. med. Lab. Technol. **15**, 123–134 (1958)

Bossen, E.H., Johnston, W.W., Amatulli, J., Rowlands, D.T. Jr.: Exfoliative cytopathologic studies in organ transplantation. I. The cytological diagnosis of cytomegalic inclusion disease in the urine of renal allograft recipients. Amer. J. clin. Path. **52**, 340–344 (1969)

Bossen, E.H., Johnston, W.W.: Exfoliative cytopathological studies in organ transplantation. IV. The cytological diagnosis of herpes virus in the urine of renal allograft recipients. Acta cytol. (Baltimore) **19**, 415–419 (1975)

Bots, G.Th.A.M., Went, L.N., Schaberg, A.: Results of a sedimentation technique for cytology of cerebrospinal fluid. Acta cytol. (Baltimore) **8**, 234–241 (1964)

Broders, A.C.: Carcinoma grading and practical application. Arch. Path. **2**, 376 (1926)

Brody, L., Webster, M.C., Kark, R.M.: Identification of elements of urinary sediment with phase contrast microscopy. J. Amer. med. Ass. **206**, 1777 (1968)

Bunge, R.G., Kraushaar, O.F.: Abnormal renal cytology. J. Urol. (Baltimore) **63**, 475 (1950)

Bunge, R.G.: Exfoliative cytology of transitional cell carcinoma. J. Urol. (Baltimore) **67**, 740 (1952)

Castellano, H., Sturgis, S.H.: Cytology of human urinary sediment. J. clin. Endocr. **18**, 1369–1383 (1958)

Chang-Hwan Park, Britsch, C., Uson, A.C., Veenema, R.J.: Reliability of positive exfoliative cytology of the urine in urinary tract malignancy. J. Urol. (Baltimore) **102**, 91–92 (1969)

Chute, R., Williams, D.W.: Experiences with stained smears of cells exfoliated in the urine in the diagnosis of cancer in the genito-urinary tract. A preliminary report. Presented at Annual Meeting A.U.A., Buffalo, N.Y. (1947)

Coleman, D.V., Gardner, S.D., Field, A.M.: Human polyoma virus infection in renal allograft recipients. Brit. med. J. **3**, 371–375 (1973)

Connolly, J.G., Webber, M., Promislow, C., Demelker, J., Bruce, A.W.: Exfoliation of epithelial cells from benign and malignant urothelium. Invest. Urol. **5**, 119–125 (1967)

Cowen, P.N.: False cytodiagnosis of bladder malignancy due to previous radiotherapy. Brit. J. Urol. **47**, 405–412 (1975)

Crabbe, J.G.S.: Exfoliative cytological control in occupational cancer of the bladder. Brit. med. J. **15**, 1072–1076 (1952)

Crabbe, J.G.S., Credee, W.C., Scott, T.S., Williams, M.H.C.: The cytological diagnosis of bladder tumors amongst dyestuff workers. Brit. J. industr. Med. **13**, 270–276 (1956)

Crabbe, J.G.S.: Cytology of voided urine with special reference to "benign" papilloma and some of the problems encountered in the preparation of the smears. Acta. cytol. (Baltimore) **5**, 233–240 (1961)

Crabbe, J.G.S.: "Comet" or "decoy" cells found in urinary sediment smears. Acta cytol. (Baltimore) **15**, 303–305 (1971)

Cristobal, A., Roset, S.: Toxoplasma cysts in vaginal and cervical smears. Acta cytol. (Baltimore) **20**, 285–286 (1976)

Cullen, T.H., Popham, R.R., Voss, H.J.: Urine cytology and primary carcinoma of the renal pelvis and ureter. Aust. N.Z.J. Surg. **41**, 230–236 (1971)

Cuypers, L.H.R.I.: De tumoren van het pyelum en van de ureter. Dissertatie Leiden, 1975

Dale, G.A., Smith, R.B.: Transitional cell carcinoma of the bladder associated with cyclophosphamide. J. Urol. (Baltimore) **112**, 603–604 (1974)

Deden, C.: Cancer cells in urinary sediment. Acta radiol. Scand. (Stockh.) suppl. 115 (1954)

Dukes, C.E.: The Institute of Urology Scheme for the histological classification of epithelial tumours of the bladder. In: Tumours of the Bladder. Wallace, D.M. (ed.). Edinburgh and London: Livingstone, 1959, p. 105

Dunham, L.J., Rabson, A.S., Stewart, H.J., Frank, A.S., Young, J.L.: Rates, interview and pathology study of cancer of the urinary bladder in New Orleans, Louisiana. J. nat. Cancer Inst. **41**, 683–709 (1968)

Eisenberg, R.B., Roth, R.B., Schweinsberg, M.H.: Bladder tumor and associated proliferative mucosal lesions. J. Urol. (Baltimore) **84**, 544–550 (1960)

Esposti, P.L., Moberger, G., Zajicek, J.: The cytologic diagnosis of transitional cell tumors of the urinary bladder and its histologic basis. Acta cytol. (Baltimore) **14**, 145 (1970)

Esposti, P.L., Zajicek, J.: Grading of transitional cell neoplasms of the urinary bladder from smears of bladder washings. Acta cytol. (Baltimore) **16**, 529–536 (1972)

Failde, M., Eckert, W.G., Patterson, J.N.: Comparison of simple centrifuge method and Milliporefilter techniques in urinary cytology. Acta cytol. (Baltimore) **7**, 199–206 (1963)

Feeney, M.J., Mullenix, R.B., Prentiss, R.J., Martin, P.L., Slate, T.A.: Cytological studies of the urine: Preliminary report. J. Urol. (Baltimore) **79**, 589–595 (1958)

Ferguson, J.H.: Some limitations of cytological diagnosis of malignant tumors. Cancer (Phila.) **2**, 845–852 (1949)

Fisher, H.E. Jr.: Exfoliative cytology of primary tumors of the ureter. A report of 3 cases. J. Urol. (Baltimore) **102**, 180–183 (1969)

Foot, N.C., Papanicolaou, G.N.: Early carcinoma in situ detected by means of smears of fixed urinary sediment. J.A.M.A. **139**, 356–358 (1949)

Foot, N.C., Papanicolaou, G.N., Holmquist, N.D., Seybolt, J.F.: Exfoliative cytology of urinary sediments. Cancer (Phila.) **11**, 127–137 (1958)

Forni, A.M., Koss, L.G., Geller, W.: Cytological study of the effect of cyclophosphamide on the epithelium of the urinary bladder in man. Cancer (Phila.) **17**, 1348–1355 (1964)

Forni, A.M., Ghetti, G., Armeli, G.: Urinary cytology in workers exposed to carcinogenic aromatic amines. Acta cytol. (Baltimore) **16**, 142–146 (1972)

Franksson, C.: Tumours of urinary bladder – A pathological and clinical study of 434 cases. Acta chir. scand. suppl. 151 (1950)

Fremont-Smith, M., Graham, R.M., Meigs, J.V.: Early diagnosis of cancer by study of exfoliated cells. J. Amer. med. Ass. **138**, 469–474 (1948)

Gelfand, M., Weinberg, R.W., Castle, W.M.: Relation between carcinoma of the bladder and infestation with *Schistosomia haematobium*. Lancet I 1249–1251 (1967)

Gill, W.B., Thomsen, S., Lu, C.T.: Retrograde brushing: A new technique for obtaining histologic and cytologic material from ureteral, renal pelvic and renal calyceal lesions. J. Urol. (Baltimore) **109**, 573–578 (1973)

Gillman, J., Prates, M.D.: Histological types and histogenesis of bladder cancer in Portuguese East Africa with special reference to bilharzial cystitis. Acta Un. int. contra cancr. **18**, 560–574 (1962)

Harris, M.J., Schwinn, J.W., Morrow, R.L., Browell, B.M.: Exfoliative cytology of the urinary bladder; irrigation specimens. Acta cytol. (Baltimore) **15**, 385–399 (1971)

Harrison, J.H., Botsford, T.W., Tucker, M.R.: The

use of the smear of the urinary sediment in the diagnosis and management of neoplasm of the kidney and bladder. Surg. Gynec. Obstet. **92**, 129–139 (1951)

Helson, L., Hajdu, S.I.: The cytology of urine of pediatric cancer patients. J. Urol. (Baltimore) **108**, 660–662 (1972)

Heusch, K.: Blasenkrebs. Leipzig: Thieme 1942

Höffken, H.: Das zytologische Bild und die Differentialzytologie bei Condylomata acuminata. Dtsch. med. Wschr. **103**, 702–704 (1978)

Hueper, W.C.: Occupational and Enviromental Cancers of the Urinary System. New Haven: Yale University Press, 1969

Hyman, R.M., Soloman, C., Gilberblatt, J.M.: Further experience with exfoliative cytology of the urinary tract: Increase in exfoliation by exercise. Amer. J. clin. Path. **26**, 381–383 (1956)

Johnson, W.D.: Cytopathological correlations in tumors of the urinary bladder. Cancer (Phila.) **17**, 867–880 (1964)

Kalnins, Z.A., Rhyne, A.L., Morehead, R.P., Carter, B.J.: Comparison of cytologic findings in patients with transitional cell carcinoma and benign urologic diseases. Acta cytol. (Baltimore) **14**, 243–248 (1970)

Kaplan, J.R., Thompson, G.J.: Multicentric origin of papillary tumours of the urinary tract. J. Urol. (Baltimore) **66**, 792 (1959)

Karstens, J.H., Ammon, J., Rübben, H., Bubenzer, J.: TNM-orientierte radiologische Behandlungsplanung beim Blasencarcinom. Berücksichtigung des Grading. Med. Welt **29**, 172–179 (1978)

Kern, W.H.: The cytology of transitional cell carcinoma of the urinary bladder. Acta cytol. (Baltimore) **19**, 420–428 (1975)

Kern, W.H., Bales, C.E., Webster, W.W.: Cytological evaluation of transitional cell carcinoma of the bladder. J. Urol. (Baltimore) **100**, 616–622 (1968)

Koivuniemi, A., Tyrkko, J.: Seminal vesicle epithelium in Fine-needle aspiration biopsies of the prostate as a pitfall in the cytologic diagnosis of carcinoma. Acta cytol. (Baltimore) **20**, 120–125 (1976)

Koss, L.G.: Diagnostic Cytology and its Histopathologic Bases, 2d ed. Philadelphia: J.B. Lippincott, 1968

Koss, L.G., Melamed, M.R., Kelly, R.E.: Further cytologic and histologic studies of bladder lesions in workers exposed to para-aminodiphenyl: Progress report. J. nat. Cancer Inst. **43**, 233–243 (1969)

Koss, L.G., Tiamson, E.M., Robbins, M.A.: Mapping cancerous and precancerous bladder changes. A study of urothelium in ten surgically removed bladders. J. Amer. med. Ass. **227**, 281–286 (1974)

Koss, L.G.: Tumours of the Bladder. Atlas of Tumor Pathology, 2nd Series, Fasc. 11. Washington D.C.: Armed Forces Institute of Pathology, 1975

Koss, L.G.: Cytology in the diagnosis of bladder tumor. In: The Biology and Clinical Management of Bladder Cancer. London: Blackwell, 1975, p. 111

Kyrkos, K., Zachariadiu-Veneti, S., Candreviotou, S.: A comparative study of the papanicolaou staining method and the fat stain technique in malignant and non-malignant lesions of the urinary tract. Acta cytol. (Baltimore) **19**, 67–70 (1975)

Lopes Cardozo, P.: Atlas of Clinical Cytology. Targa BV,s'Hertogenbosch, the Netherlands 1976

Loveless, K.J.: The effect of radiation upon the cytology of benign and malignant bladder epithelia. Acta cytol. (Baltimore) **17**, 355–360 (1973)

MacFarlane, E.W.W.: Urine cytology after treatment of bladder tumours. Acta cytol. (Baltimore) **8**, 288–292 (1964)

MacFarlane, E.W.W.: Some pathologic conditions affecting urine cytology. Acta cytol. (Baltimore) **7**, 196–198 (1963)

Malmgren, R.A., Soloway, M.S., Chu, E.W., Delvecchio, P.R., Ketcham, A.S.: Cytology of ileal conduit urine. Acta cytol. (Baltimore) **15**, 506–509 (1971)

Malignant Tumours of the Urinary Bladder. Clinical stage classification and presentation of results. Research commission, Committee on clinical stage classification and applied statistics, 1963–1967. Geneva, U.I.C.C. (1967)

Marshall, V.F., Seybolt, J.F.: Early detection but delayed appearance of a bladder tumor. J. Urol. (Baltimore) **118**, 175–176 (1977)

Martin, B.F.: Cell replacement and differntiation in transitional epithelium: a histological and autoradiographic study of the guinea-pig bladder and ureter. J. Anat. **112**, 433–455 (1972)

Masukawa, T., Garancis, J.C., Rytel, M.W., Mattingly, R.F.: Herpes genitalis virus isolation from human bladder urine. Acta cytol. (Baltimore) **16**, 416–428 (1972)

Melamed, M.R., Koss, L.G., Ricci, A., Whitmore, W.F.: Cytohistological observations on developing carcinoma of the urinary bladder in man. Cancer (Phila.) **13**, 67–74 (1960)

Melamed, M.R.: The urinary sediment cytology in a case of malakoplakia. Acta cytol. (Baltimore) **6**, 471–474 (1962)

Melamed, M.R., Voutsa, N.G., Grabstald, H.: Natural history and clinical behaviour of in situ carcinoma of the human urinary bladder. Cancer (Phila.) **17**, 1533–1545 (1964)

Melicow, M.M., Hollowell, J.W.: Intra-urothelial

cancer: Carcinoma in situ, Bowen's disease of the urinary system: Discussion of thirty cases. J. Urol. (Baltimore) **68**, 763–772 (1952)

Melicow, M.M.: Tumors of the bladder: A multifaceted problem. J. Urol. (Baltimore) **112**, 467–478 (1974)

Milsten, R., Frable, W.J., Texter, J.H. Jr., Paxson, L.: Evaluation of lipid stain in renal neoplasms as adjunct to routine exfoliative cytology. J. Urol. (Baltimore) **110**, 169–171 (1973)

Mohr, H.J.: Die Zytologie in der Urologie. Diagnostik **2**, 309–311 (1969)

Morse, N., Melamed, M.R.: Differential counts of cell populations in urinary sediment smears from patients with primary epidermoid carcinoma of the bladder. Acta cytol. (Baltimore) **18**, 312–315 (1974)

Mostofi, F.K.: International Histological Classification of Tumours: No. 10. Histological Typing of Urinary Bladder Tumours. World Health Organization, Geneva, 1973

Naib, Z.M.: Exfoliative cytology of renal pelvic lesions. Cancer (Phila.) **14**, 1085–1087 (1961)

Orell, S.R.: Transitional cell epithelioma of the bladder: correlation of cytologic and histologic diagnosis. Scand. J. Urol. Nephrol. **31**, 93–98 (1969)

Oyasu, R., Hopp, M.: The etiology of cancer of the bladder. Surg. Gynec. Obstet. **138**, 97–108 (1974)

Pamukcu, A.M., Ertürk, E., Yalciner, S., and Bryan, G.T.: Histogenesis of urinary bladder cancer induced in rats by bracken fern. Invest. Urol. **14**, 213–218 (1976)

Papanicolaou, G.N., Marshall, V.F.: Urine sediment smears as diagnostic procedure in cancer of the urinary tract. Science **101**, 500–520 (1945)

Papanicolaou, G.N.: Cytology of the urine sediment in neoplasms of the urinary tract. Presented at Am. Ass. of Genito-Urinary Surgeons. Stockbridge, Mass., 1946

Petkovic, S.D.: Epidemiology and treatment of renal pelvic and ureteral tumors. J. Urol. (Baltimore) **114**, 858–865 (1975)

Petry, G., Ammon, H.: Die funktionelle Struktur des Harnblasenepithels und ihre Bedeutung für die urologische Zytodiagnostik. Klin. Wschr. **44**, 137–141 (1966)

Popham, R.R., Holemans, R.W.: Cytological Examination of urine in a district hospital. J. med. Lab. Technol. **23**, 227–235 (1966)

Powder, J.R., Naib, Z.M., Young, J.D.: Cytological examination of the urine sediment as an aid to diagnosis of epithelial neoplasms of the upper urinary tract. J. Urol. (Baltimore) **84**, 666–676 (1960)

Prall, R.H., Wernett, C., Mims, M.M.: Diagnostic cytology in urinary tract malignancy. Cancer (Phila.) **29**, 1084–1088 (1972)

Preiss, H., Rathert, P.: Urinzytologie: Tumorsuche mit vorgefärbten Objektträgern (Testsimplets). Bericht 18. Tagung der Deutschen Gesellschaft für Arbeitsmedizin. A.W. Gentner: Stuttgart 1978, S. 55–60

Prout, G.R. Jr.: Bladder carcinoma and a TNM-System of classification. J. Urol. (Baltimore) **117**, 583–590 (1977)

Pugh, R.C.B.: The pathology of cancer of the bladder. Cancer (Phila.) **32**, 1267–1274 (1973)

Puntula, P., Koivuniemi, A., Siluva, A.: Exfoliative cytology of the urine in tumor diagnosis. Ann. Chir. Gynaec. Fenn. **58**, 20–23 (1969)

Rathert, P., Melchior, H., Lutzeyer, W.: Phenacetin: A carcinogen for the urinary tract? J. Urol. (Baltimore) **113**, 653–657 (1975)

Rathert, P., Lutzeyer, W.: Zytodiagnostik bei Harnwegserkrankungen. Aktuelle Diagnostik von Nierenerkrankungen. Stuttgart: Thieme 1974

Rathert, P., Rübben, H., Lutzeyer, W.: Urinzytologie: Stellenwert in Diagnostik und Verlaufskontrolle des Blasencarcinoms. Verhandlungsbericht der Deutschen Gdsellschaft für Urologie. 29. Tagung. Berlin-Heidelberg-New York: Springer 1978, S. 44–45

Reichborn-Kjennerud, S., Høeg, K.: The value of urine cytology in the diagnosis of recurrent bladder tumors. A preliminary report. Acta cytol. (Baltimore) **10**, 269–272 (1972)

Rehn, L.: Blasengeschwülste bei Anilinarbeitern. Arch. klin. Chir. **50**, 588–600 (1895)

Reynolds, R.D., Simerville, J.J., O'Hara, D.D., Hart, J.B., Parkinson, J.E.: Hemorrhagic cystitis due to cyclophosphamide. J. Urol. (Baltimore) **101**, 45–47 (1969)

Richter, A., Sülldorf, P.: Die Bedeutung der Zytodiagnostik als differential diagnostisches Hilfsmittel zur Früherkennung von Blasentumoren. Z. Urol. **65**, 573 (1972)

Riedel, B.: Urologische Zytologie. Berlin, New York: de Gruyter, 1973

Rofe, P.: The cells of normal human urine. J. clin. Path. **8**, 25–31 (1955)

Roland, S.I., Marshall, V.F.: The reliability of the Papanicolaou technique when cancer cells are found in the urine. Surg. Gynaec. Obstet. **104**, 41–44 (1957)

Ross, K.F.A.: Phase Contrast and Interference Microscopy for Cell-Biologists. London: Edward Arnold, 1967

Rubin, J.S., Rubin, R.T.: Cyclophosphamide hemorrhagic cystitis. J. Urol. (Baltimore) **96**, 313–316 (1966)

Russo, M.A., Cockett, A.T.K.: Microscopic urinalysis with phase contrast microscopy. J. Urol. (Baltimore) 107, 843 (1972)

Sarnacki, C.T., Cormack, L.J.M., Kiser, W.S., Hazard, J.B., McLaughlin, Th.C., Belovick, D.: Urinary cytology and the clinical diagnosis of urinary tract malignancy: a clinicopathologic study of 1400 patients. J. Urol. (Baltimore) 106, 761–769 (1971)

Say, C.C., Hori, J.M.: Transitional cell carcinoma of the renal pelvis: Experience from 1940 to 1972 and literature review. J. Urol. (Baltimore) 112, 438 (1974)

Schade, R.O.K.: Carcinoma in situ of the urinary bladder – Histological and cytological observations. Proc. roy. Soc. Med. 60, 109–111 (1967)

Schade, R.O.K., Swinney, J.: The association of urothelial atypism with neoplasia: Its importance in treatment and prognosis. J. Urol. (Baltimore) 109, 619–622 (1973)

Schade, R.O.K., Swinney, J.: Precancerous changes in bladder epithelium. Lancet II, 943–946 (1968)

Schiffer, A., Lymberopoulos, S., Charvat, A.: Vergleichende Zytodiagnostik in der Urologie. Z. Urol. 61, 367–374 (1968)

Schmid, G.H., Hornstein, O.P., Mittmann, O., Münstermann, M., Potyka, J.: Periodical epithelial exfoliation of the urinary ducts in the male. Acta cytol. (Baltimore) 16, 352–360 (1972)

Schmidlapp, C.J., Marshall, V.F.: Diagnostic value of urinary sediment. N.Y. St. J. Med. 50, 56–58 (1950)

Schoonees, R., Gamarra, M.G., Moore, R., Murphy, G.P.: The diagnostic value of urinary cytology in patients with bladder carcinoma. J. Urol. (Baltimore) 106, 693 (1971)

Schulte, J.W., King, Ch.D., MacDonald, D.A., Jassie, M.P.: A simple technique for recognizing abnormal epithelial cells in urinary sediment. J. Urol. (Baltimore) 80, 615–625 (1963)

Schwarzhaupt, W.: Carcinoma in situ der Harnblase. Akt. Urol. 3, 227–228 (1973)

Seybolt, J.F.: Cytology of the Urinary Tract and Prostate. New York: Amer. Cancer. Soc. 1961, pp. 38–49

Silberblatt, J.M.: Exfoliative cytology as a screening test for urinary tract malignancy. Bull. N.Y. Acad. Med. 29, 889–897 (1953)

Silverberg, E.: Urologic cancer, statistical and epidemiological information. New York: Amer. Cancer Soc. 1973

Stocks, P.: The association between social class and susceptibility to cancer. In: Cancer Progress. Raven, R.W. (ed.) London: butterworth, 1963, pp. 238–241

Stoll, P.: Gynaecological Vital Cytology. Berlin-Heidelberg-New York: Springer Verlag, 1969

Suprun, H., Bitterman, W.: Cytohistologic study on the interrelationship between exfoliated urinary bladder carcinoma cell types and the staging and grading of these tumors. Acta cytol. (Baltimore) 19, 265–273 (1975)

Takashi Yamada, M.D.: Cytopathology in precancerous and metaplastic lesions of the urinary tract. In: Compendium on Diagnostic Cytology, 3rd ed. Chicago III, Tutorials of Cytology, 1974

Taylor, J.N., MacFarlan, N.E., Ceelen, G.H.: Cytological studies of urine by Millipore filtration technique. J. Urol. (Baltimore) 90, 113–115 (1963)

Theologidis, A.D., Jameson, R.M., Scott, A.: The realiability of urinary cytology. Brit. J. Urol. 43, 598–602 (1971)

TNM. Classification of malignant tumors. 2nd. and 3rd. Edition UICC, Geneva 1974, 1979

Trott, P.A.: Cytological examination of urine using a membrane filter. Brit. J. Urol. 39, 610–614 (1967)

Trott, P.A., Williams, G., Attridge, P.W.: Use of soluble swabs in the diagnosis of bladder neoplasia. J. clin. Path. 22, 731–736 (1969)

Tsai, S.Y., Laughlin, V.C., Goodsitt, E., Bas, A.: Exfoliative cytology of urine. J. Urol. (Baltimore) 99, 342–345 (1968)

Tyrrkö, J.: Exfoliative cytology in the diagnosis and follow-up of urothelial neoplasms. Scand. J. Urol. Nephrol. suppl. 19 (1972)

Umiker, W.: Accuracy of cytologic diagnosis of cancer of the urinary tract. Acta cytol. (Baltimore) 9, 186–195 (1964)

Umiker, W., Lapides, J., Sourenne, R.: Exfoliative cytology of papillomas and intra-epithelial carcinoma of the urinary bladder. Acta cytol. (Baltimore) 6, 225–266 (1962)

Voogt, H.J. de, Wielinga, G.: Clinical aspects of urinary cytology. Acta cytol. (Baltimore) 16, 349–351 (1972)

Voogt, H.J. de: Rapid urinary cytology by phase contrast microscopy. A preliminary report. Urol. Res. 1, 113–119 (1973)

Voogt, H.J. de, Beyer-Boon, M.E., Brussee, J.A.M.: The value of phase contrast microscopy for urinary cytology, reliability and pitfalls. Acta cytol. (Baltimore) 19, 542–546 (1975)

Voutsa, N.G., Melamed, M.R.: Cytology of in situ carcinoma of the human urinary bladder. Cancer (Phila.) 16, 1307 (1963)

Vutuc, Ch., Kunze, M.: Rauchgewohnheiten von Blasenkrebs-Patienten: Versuch zur Quantifizierung der Schadstoffexposition. aktuelle urologie 10, 159–162 (1979)

Wall, R.L., Clausen, K.P.: Carcinoma of the bladder in patients receiving cyclophosphamide. New Engl. J. Med. **293**, 271–273 (1975)

Wiggishof, C.C., McDonald, J.H.: Urinary exfoliative cytology in tumors of the kidney and ureter. J. Urol. (Baltimore) **102**, 170–171 (1969)

Wiggishof, C.C., McDonald, J.H.: Urinary exfoliative cytology in the diagnosis of bladder tumors. Acta cytol. (Baltimore) **16**, 139–141 (1972)

World Health Organization. Histological Typing of urinary bladder tumours. International Histological Classification of Tumours. Geneva, 1973

Zernike, F.: How I discovered phase contrast. Science **121**, 345 (1955)

Illustrationen

1. Normales Übergangsepithel

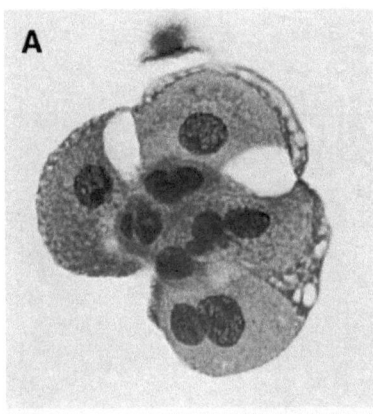
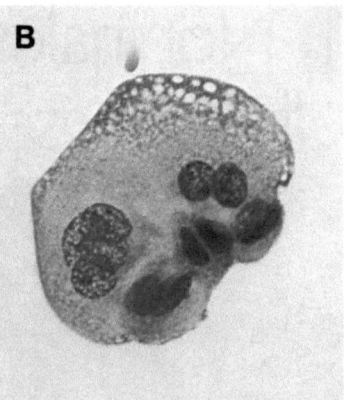
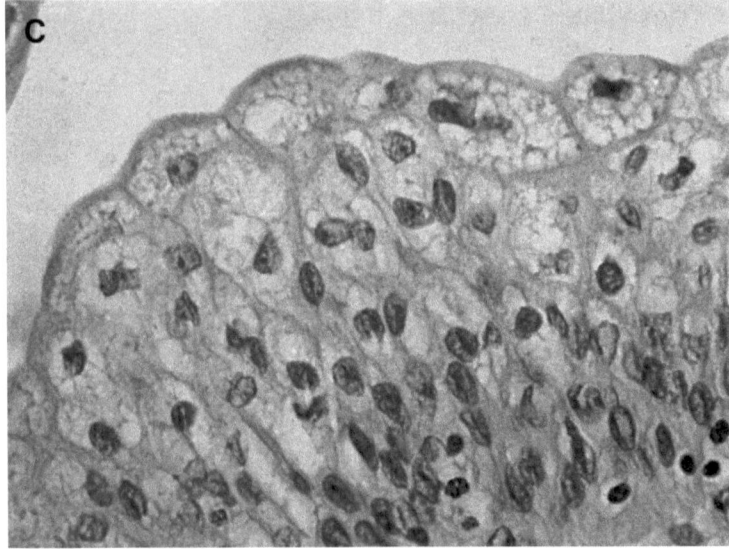
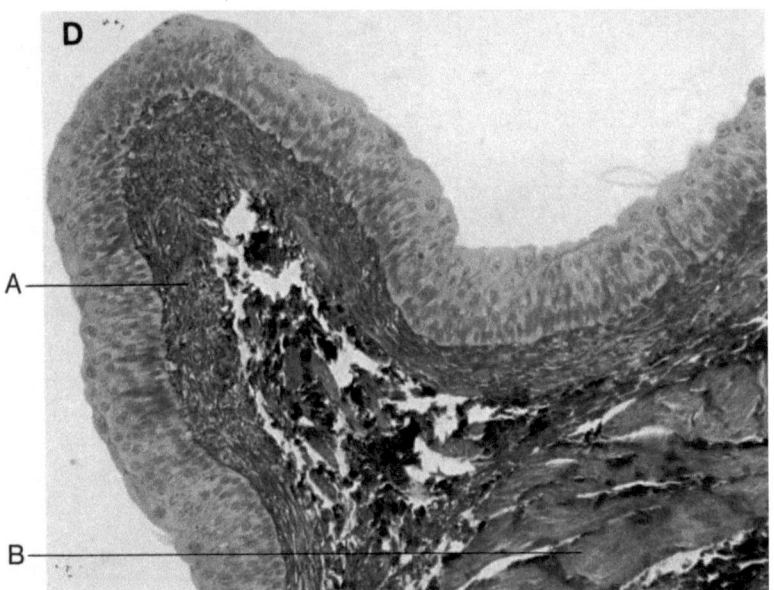

Abb. 18. A Papanicolaou-gefärbte normale Urothelzellen in Blasenspülflüssigkeit. u: Regen-(Fall-)schirmzellen. d: tiefe Zellen. Der Zellreichtum ist größer als in spontan gelassenem Urin (×112).
B MGG-gefärbte normale Urothelzellen. Kubische und leicht gestreckte Zellformen (×450).
C MGG-gefärbte normale Urothelzellen (×450).
D und **E** Papanicolaou-gefärbte normale Urothelzellen. (×450)

Abb. 17. A und **B** MGG-gefärbte normale Urothelzellen. Regenschirm-(=Fallschirm-)zellen haben ein perlschnurartiges Zytoplasma und können mehr als einen Kern enthalten. Im Zentrum finden sich mononukleäre Zellen mit weniger Zytoplasma; diese Zellen entsprechen den tieferen Zellen in einem Gewebeschnitt vom normalen Urothel (×430).
C Normales Urothel. Beachte die großen oberflächlichen Regenschirmzellen, einige mit mehr als einem Kern. Die tieferen Zellen haben weniger Zytoplasma und sind mononukleär. Gewebeschnitt vom Harnleiter (×430).
D Normale Urothelauskleidung der Blase. Azan-Färbung. Lamina propria **A** und Muskelwand **B** (×107)

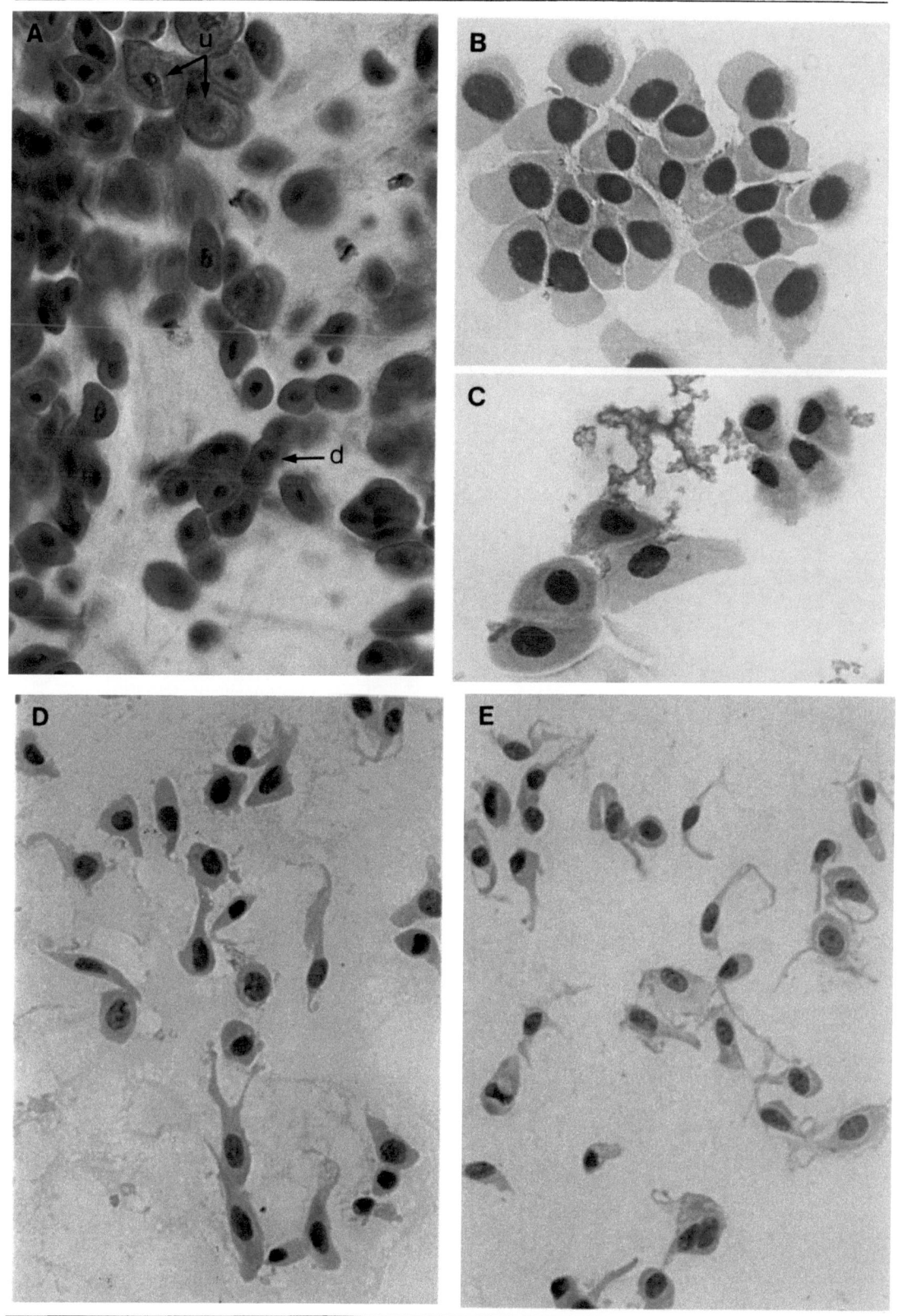

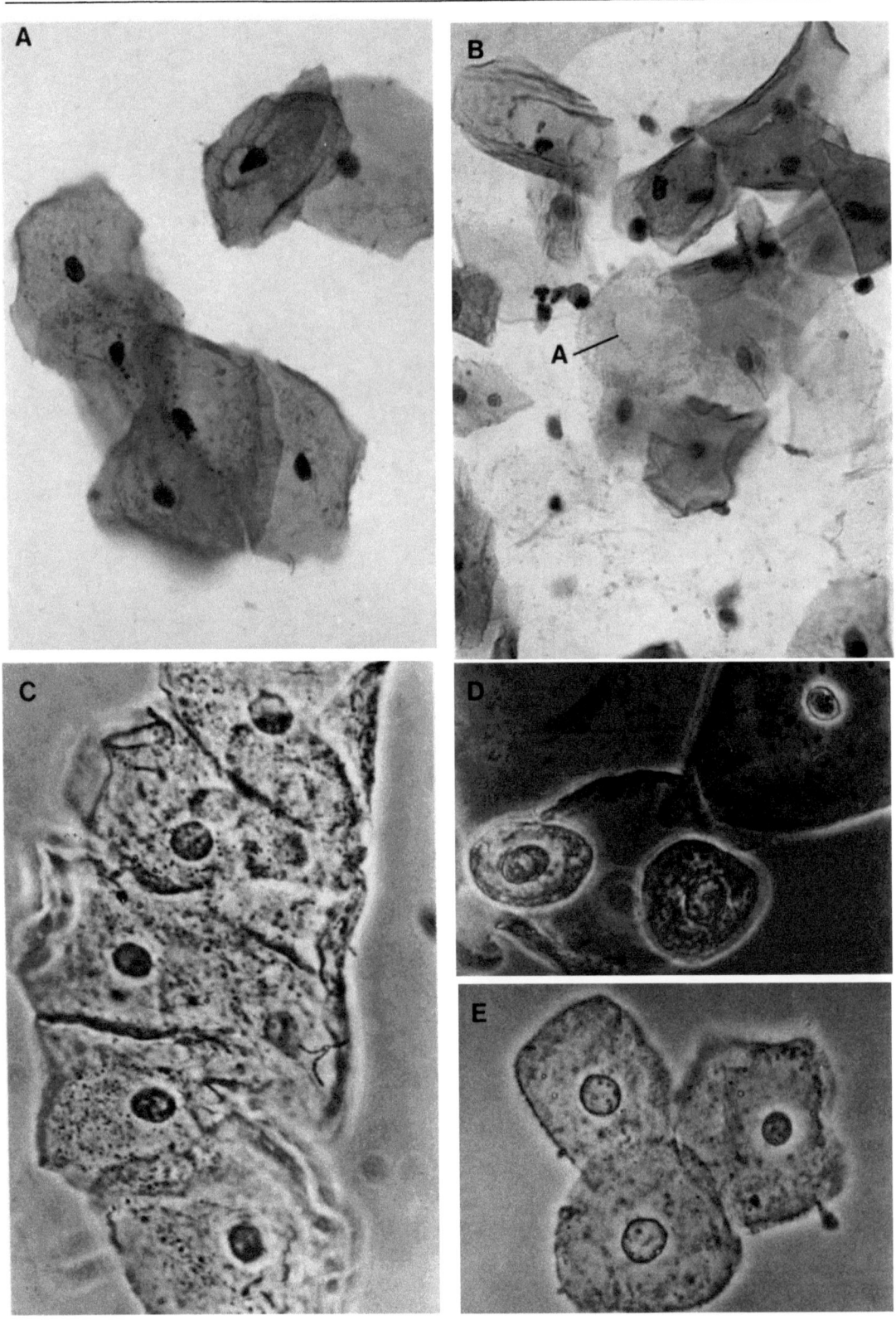

74

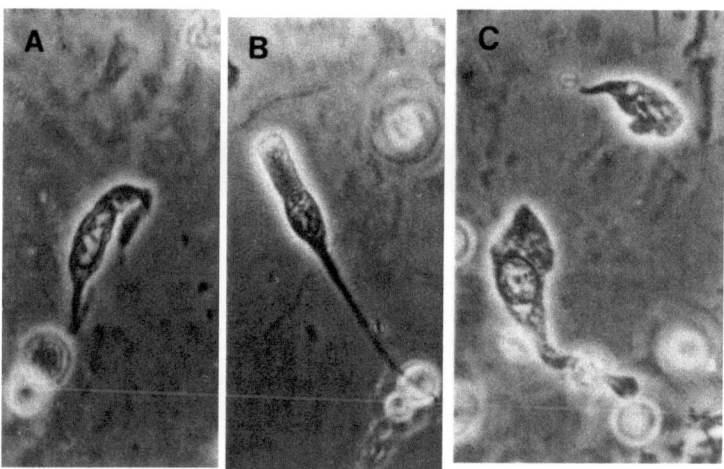

Abb. 20. A–C Normale Zellen der tieferen Schichten des Urothels (PKM × 390)

◁ **Abb. 19. A**
A Papanicolaou-gefärbte normale Plattenepithelzellen im Spontanurin einer Frau. Kontamination mit Epithelzellen der Vagina und Vulva. (× 445).
B Papanicolaou-gefärbte gutartige Plattenepithelzellen im Spontanurin eines Mannes mit hormonell behandeltem Prostatacarcinom (× 445).
C und **E** Plattenepithelzellen.
D Zwei Plattenepithelzellen und zwei Urothelzellen. Beachte die Kernaufhellung in letzterem (PKM × 445)

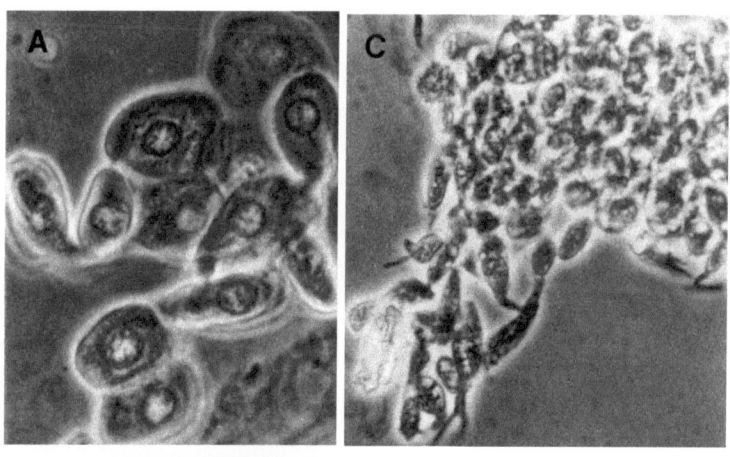
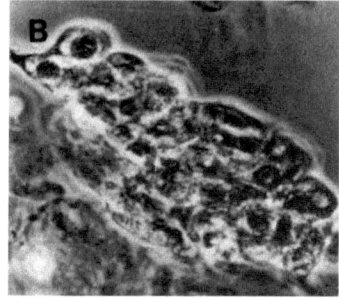

Abb. 21. A Gruppe von normalen oberflächlichen Urothelzellen. **B** Papillärer Verband von Zellen hauptsächlich aus tieferen Schichten. **C** Gruppe von normalen Urothelzellen (PKM × 350)

2. Entzündliche Veränderungen

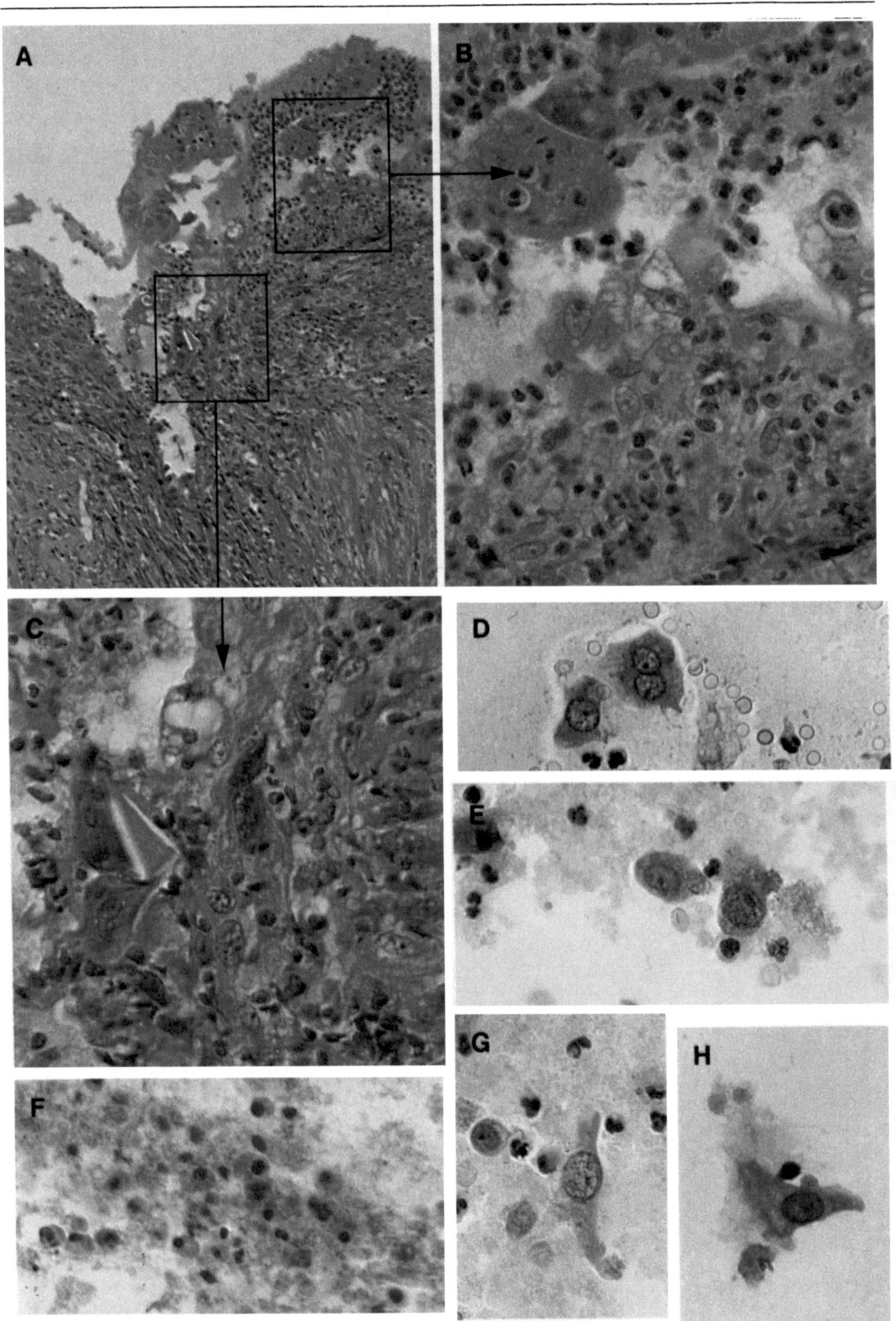

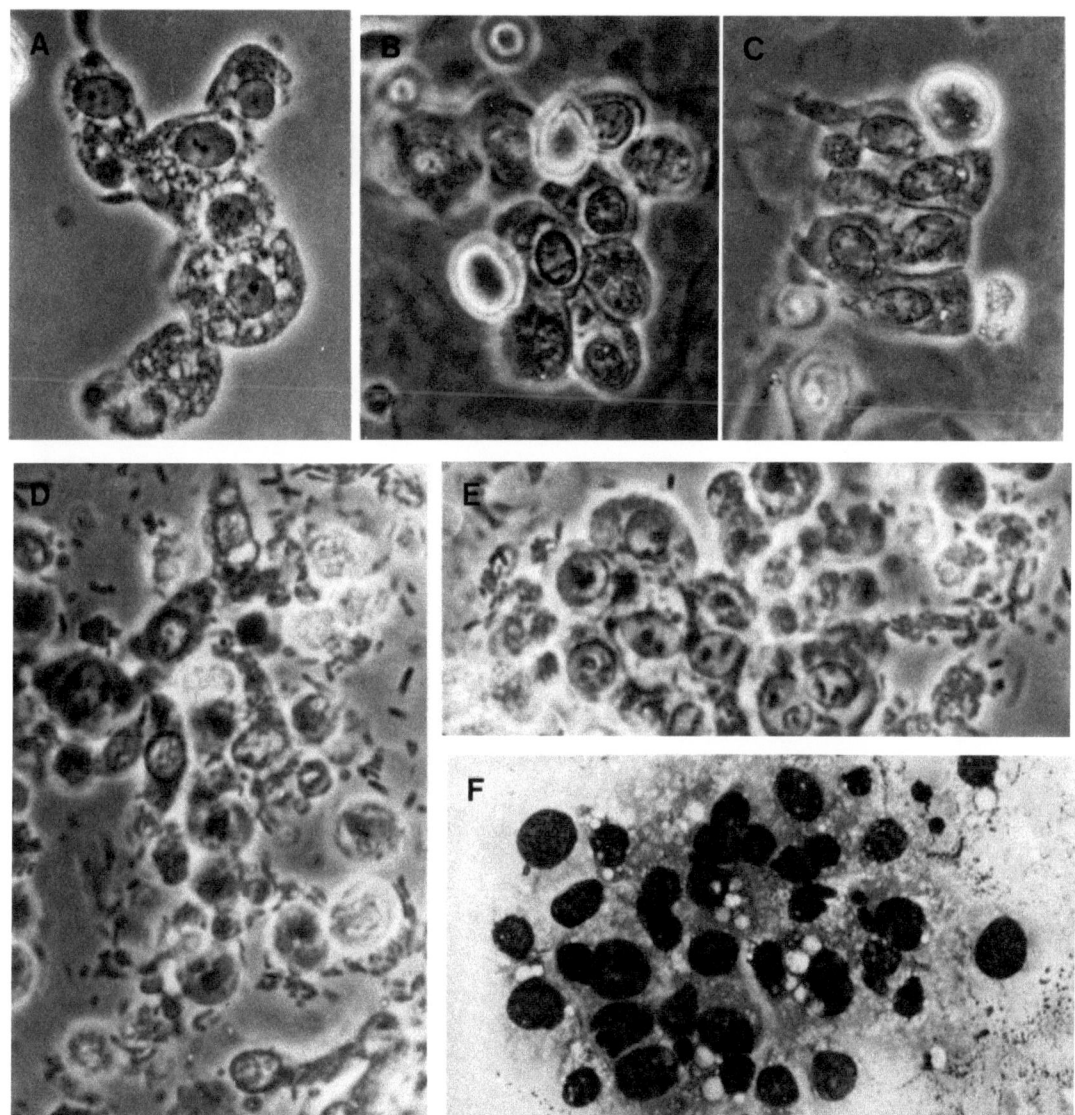

Abb. 23. Entzündliche Veränderungen. **A–C** Zellverbände, die leicht als Urothelzellen erkennbar sind. Die Kernzytoplasmarelation ist nicht verändert. Es finden sich mehrere Kernkörperchen, leicht vergrößerte Kerne und eine Verdichtung des Chromatins im Bereich der Kernmembran (PKM × 450). **D** und **E** gleiche Befunde wie vorher, die Zellen liegen jedoch vor einem Hintergrund von Leukocyten, Bakterien und Zelltrümmern, die stark auf eine Entzündung hinweisen. Beachte die Ähnlichkeit zwischen E und F (PKM × 445). **F** MGG-gefärbte Urothelzellen eines Patienten mit einer chronischen Blasenentzündung. Beachte die Anisokaryose (× 445)

◁ **Abb. 22.** Schwere entzündliche Veränderungen. **A** Biopsie aus einer chronisch-entzündeten Harnblasenwand. Bei der Zystoskopie sah man rote und weiße herdförmige Veränderungen. Im Bild erkennt man den teilweisen Verlust des Epithels und ein schweres entzündliches Infiltrat in der Lamina propria, das sich teilweise bis in die Muskulatur ausdehnt. Die Epithelzellen zeigen entzündliche Veränderungen (× 115). **B** und **C** Vergrößerung von Arealen aus A (× 460). **D, E** und **G** Papanicolaou-gefärbte Zellen des gleichen Patienten. Beachte die hervortretenden Kernkörperchen und die Verdichtung des Chromatins neben der Kernmembran (× 460). **E** Zelldetritus als Hintergrund (× 460). **H** MGG-gefärbte Zellen mit hervortretenden Kernkörperchen (× 460)

3. Nichtbakterielle Entzündungen und Verunreinigungen

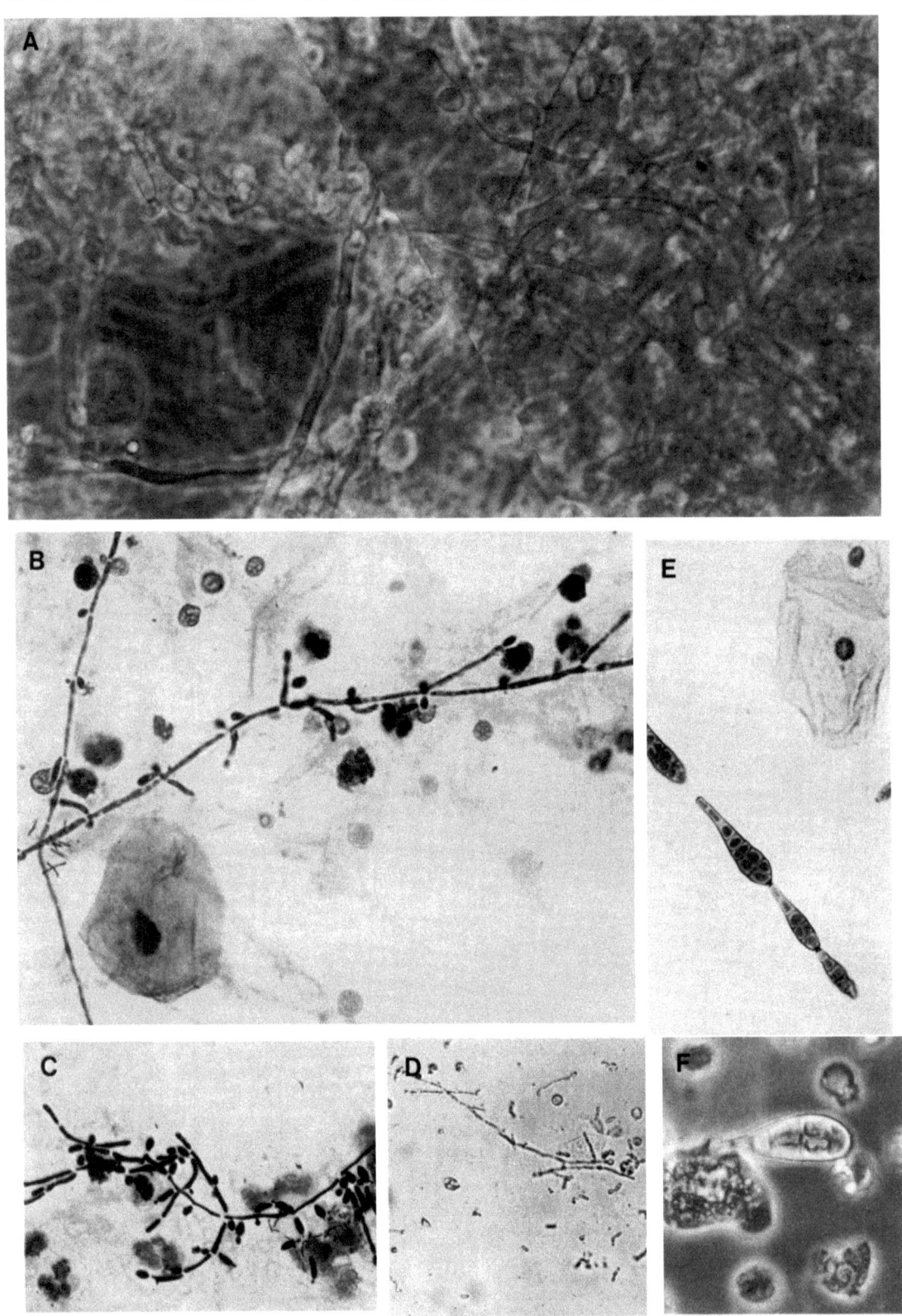

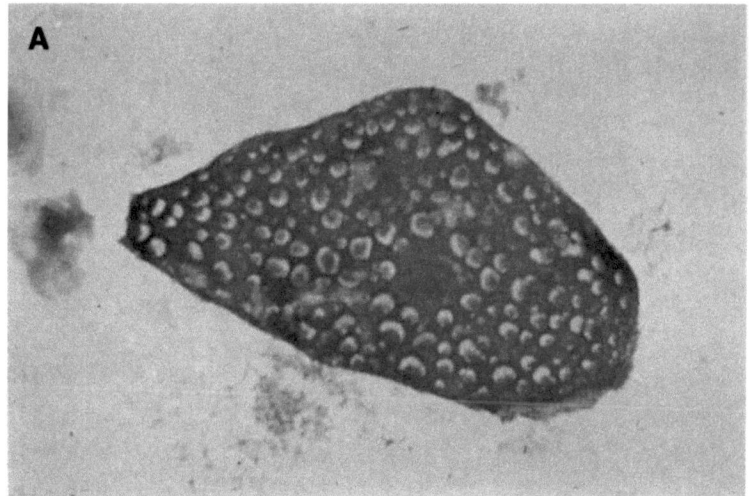

Abb. 24. A und **D** Pilze in PKM.
B Pilze; Papanicolaou-gefärbte Candida albicans (×465).
C MGG-gefärbte Pilze des gleichen Präparates (×465).
E Umgebungskontamination. Papanicolaou-gefärbtes Präparat kontaminiert mit Altenaria, wie es häufiger in Präparaten zur Sommerszeit angetroffen wird (×465).
F Altenaria in PKM-Präparat (×465)

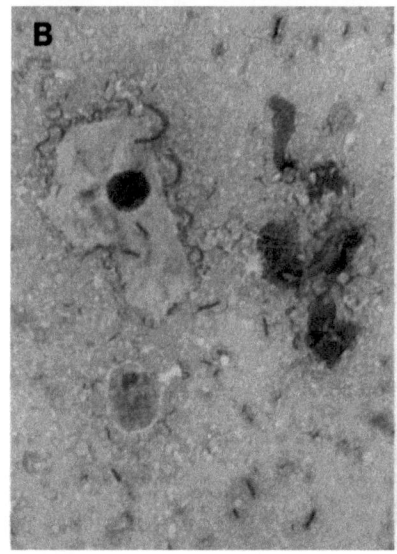
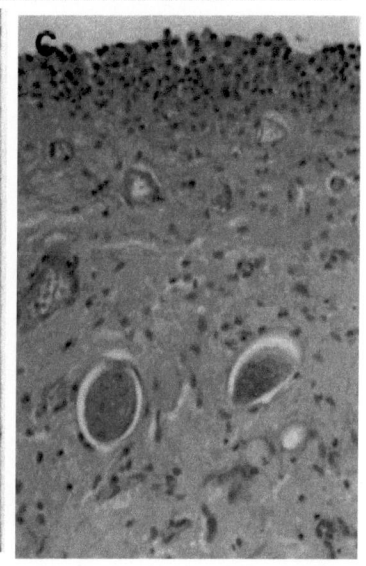

Abb. 25. A Toxoplasmose. MGG-gefärbter Urin eines 2 Tage alten Säuglings. Pseudozystische Zellen gefüllt mit rötlichen Strukturen (Parasiten), die von einem hellen Areal umgeben sind. Das Kind starb 2 Tage später an einer Toxoplasmose (×850).
B MGG-gefärbtes Präparat mit Trichomonaden, die sich kräftig blau anfärben. **C** und **D** Schistosomiasis. Blasenbiopsie. Die Eier von Schistosoma haematobium sind von einer Fibrose umgeben (×4,3)

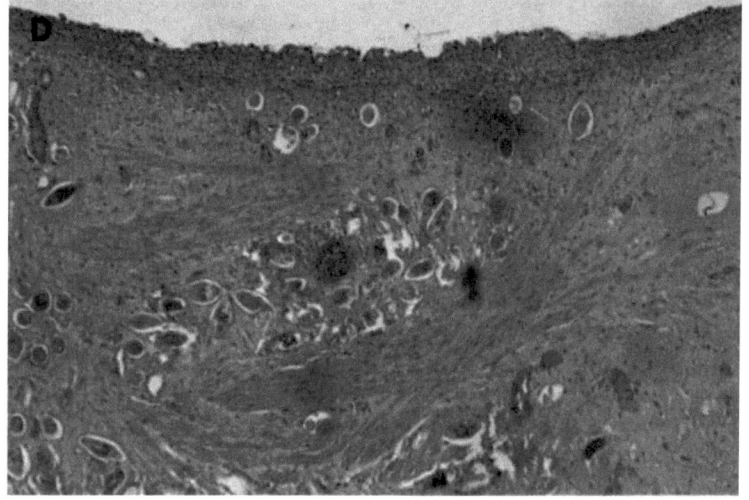

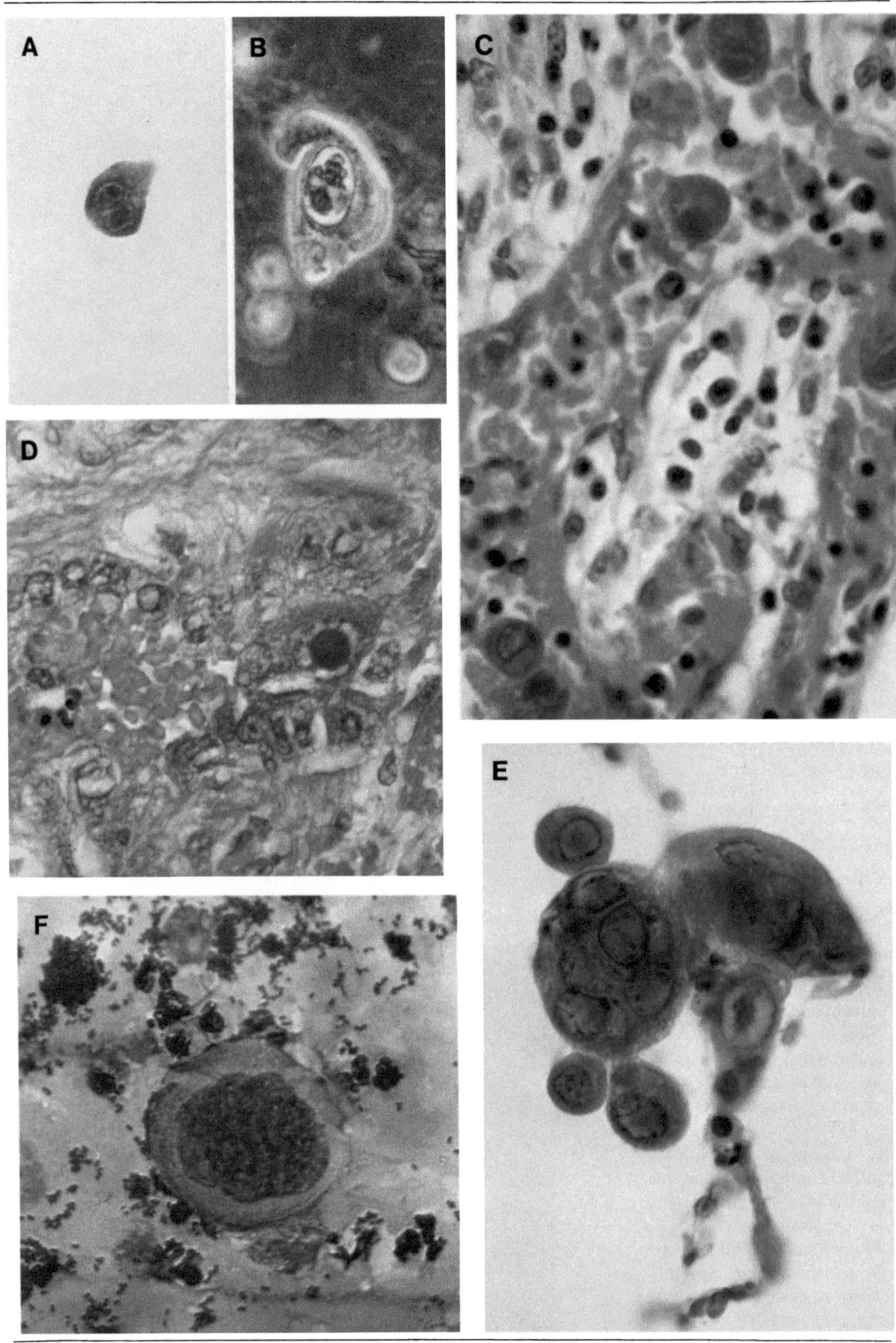

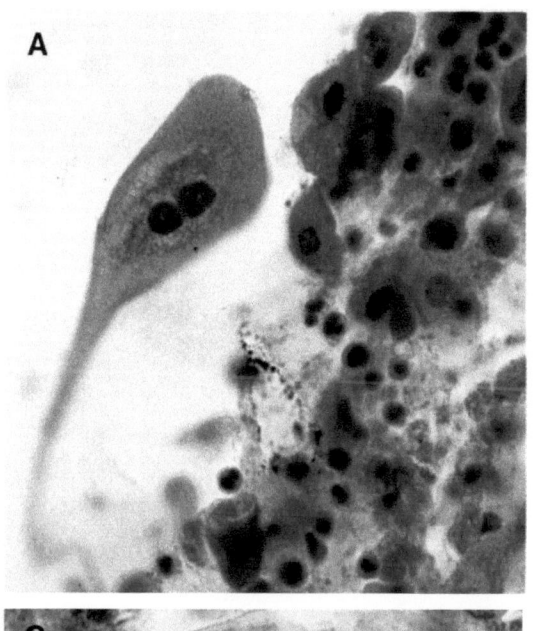
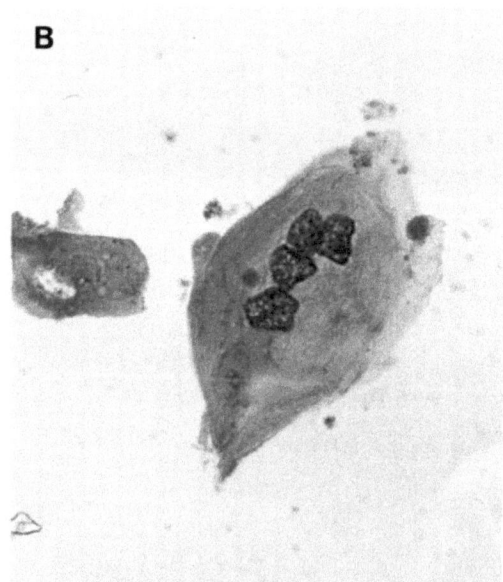
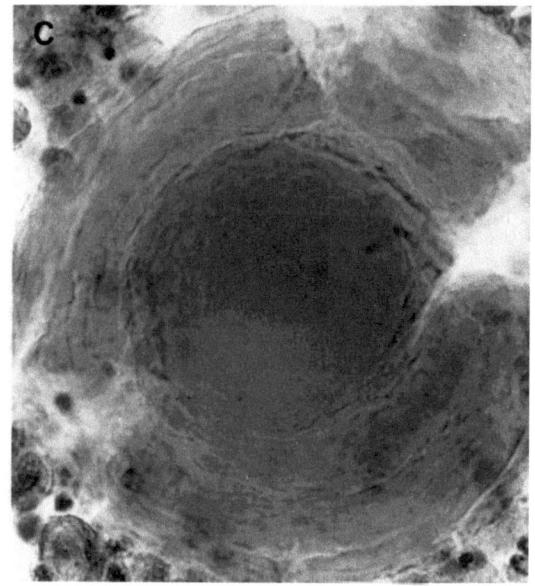

Abb. 27. Condylomata acuminata. **A** und **B** Papanicolaougefärbte Zellen eines Mannes mit Condyloma acuminata der Urethra. Beachte die Vielkernigkeit der Plattenepithelzellen. Die Kerne zeigen einige Zeichen der Atypie (Hyperchromasie, Verdichtung des Chromatins) wie man sie auch bei Condylomata acuminata der Cervix uteri findet (×475)
Prostatische Beimengungen. **C** Papanicolaou-gefärbte sog. Prostatasteine. (×475)

◁ **Abb. 26.** Zytomegalie-Virusinfektion. **A** MGG-gefärbtes Präparat eines 29 Jahre alten Mannes. Beachte das „eulenartige" Bild der Zellkerne. **B** PKM-Bild des gleichen Urins. Gleiches Bild der Kerneinschlußkörperchen. **C** Zytomegalie-Virocyten in Blutgefäßen der Blasenlamina propria (×475). **D** Zytomegalie-virusinfizierte Tubuluszellen der Niere (×475).
Herpes-Infektion. **E** Papanicolaou-gefärbte Virocyten. Beachte das milchglasartige Bild der Kerne, Einschlußkörperchen (→) und die Vielkernigkeit (×475). (Zur Verfügung gestellt von Dr. G.W. Verdonk). **F** MGG-gefärbte vielkernige Virocyten des gleichen Patienten (×475)

4. Atypische Hyperplasie

Abb. 28. Atypische ▷
Hyperplasie in Kombination
mit einem Carcinoma in situ.
A und **B**
Cystektomie-Präparat eines
Patienten mit Carcinoma in
situ. **A** Ist das Urothel
verdickt mit leichter
Anisokariose und
Regenschirmzellen; atypische
Hyperplasie. In dem
benachbarten Areal **B** (×415)
mit einem Carcinoma in situ
findet man eine ausgeprägte
Desorganisation des Urothels
mit Pleomorphie,
Hyperchromasie und keinen
Regenschirmzellen (×104).
C Vergrößerung des Areals **A**
(×415)

Abb. 29. Atypische ▷
Hyperplasie des Urothels.
A MGG-gefärbte atypische
Zellen mit einer Variation der
Kerngröße. Keine
Überlappung der Kerne
einzelner Zellen. Überlappen
von Kernen binucleärer
Zellen (×400).
B Gewebeschnitt aus der
Blasenbiopsie des gleichen
Patienten mit atypischer
Hyperplasie. Erhöhte Anzahl
der Zellagen (*) und einige
isolierte vergrößerte Zellkerne
(×100).
Atypische Hyperplasie oder
Carcinoma in situ.
C Blasenbiopsie 2 Jahre vor
einer Zystektomie
(Gewebeschnitte werden in
Abb. 62 dieses Atlasses
gezeigt). Einzelne vergrößerte
Kerne in allen Schichten des
Epithels (×100)

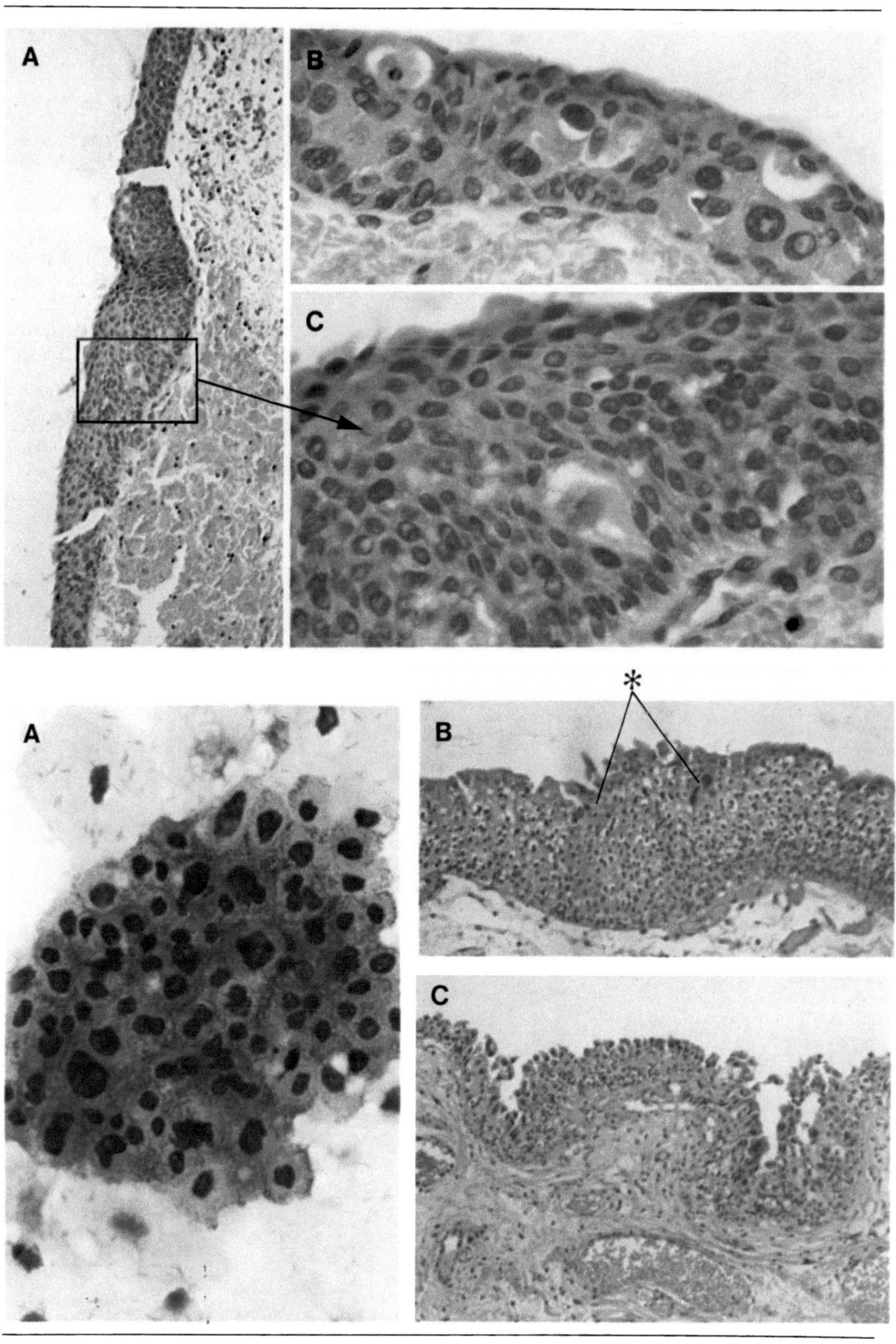

89

5. Phasen-Kontrast-Mikroskopie: Malignitätskriterien

Abb. 30. A und **B** atypische Zellen mit langen zytoplasmatischen Schwänzen. Die Kernmembran ist deutlich gezeichnet. Kleine Kernkörperchen. **C** Zellen mit unterschiedlicher Größe und Struktur, veränderte Kernplasmarelation, viele kleine Zellkerne. **D** Gruppe von atypischen Zellen. Die Zellkerne sind geringförmig vergrößert und polymorph. **E** Zellverband mit großen Zellkernen und prominenten Kernkörperchen. **F** und **G** Sehr abnorme Zellkerne mit großen Kernkörperchen. (Immer PKM × 420)

Abb. 31. A Verband von Zellen mit Kernen unterschiedlicher Größe und mit prominenten Kernkörperchen. **B** Nicht übersehbare Kernpolymorphie. **C** Vermutlich ein Fall von Kannibalismus. **D** Großer Zellkern, nur wenig Zytoplasma erkennbar. Beachte die 4 großen Kernkörperchen. **E** Große Zelle mit großem Kern und prominentem Nukleolus. Dicke Kernmembran. **F** Abnorme Zellen mit großem Kern und 3 großen Nukleoli. **G** Veränderte Kernzytoplasmarelation. Sehr großer Nukleolus. (Immer × 420)

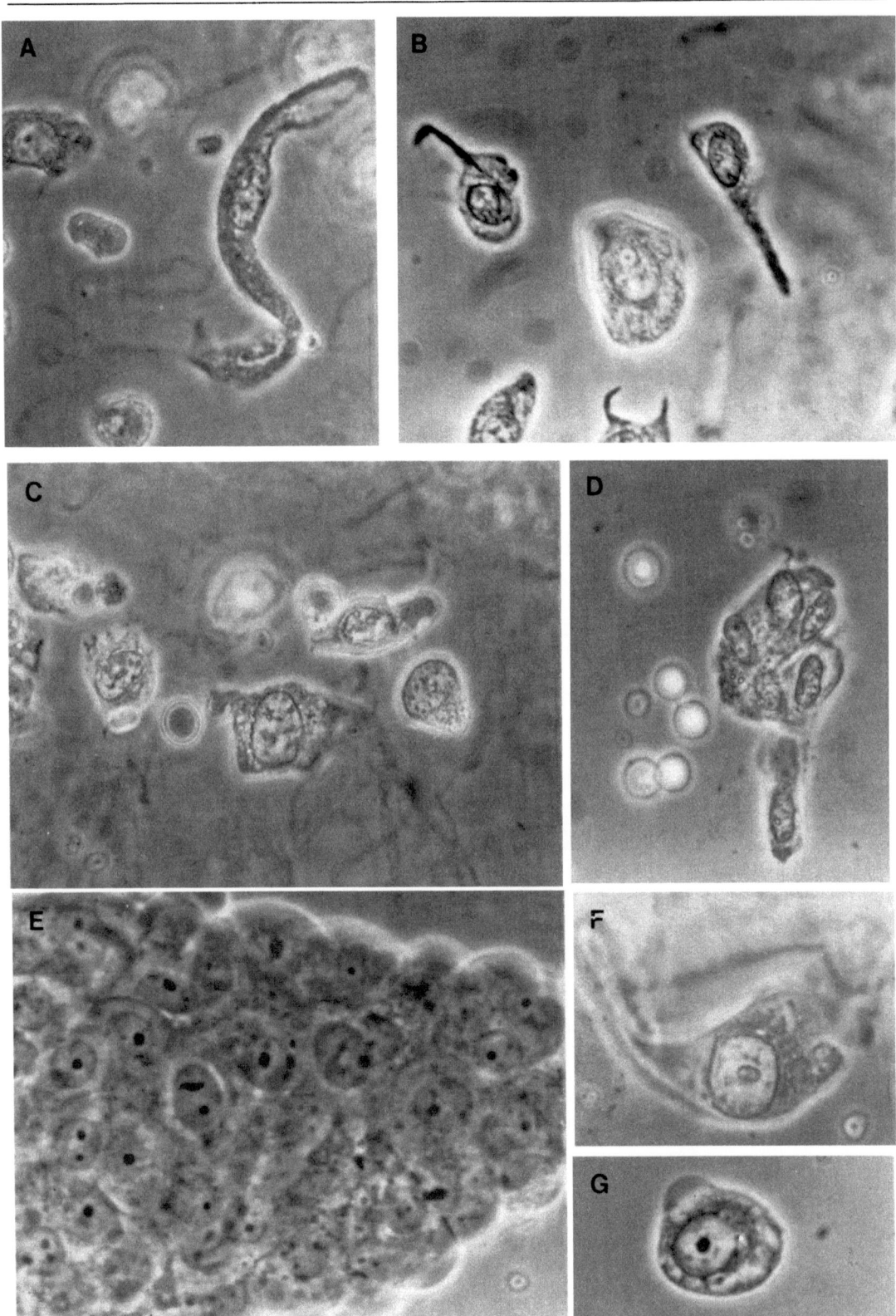

92

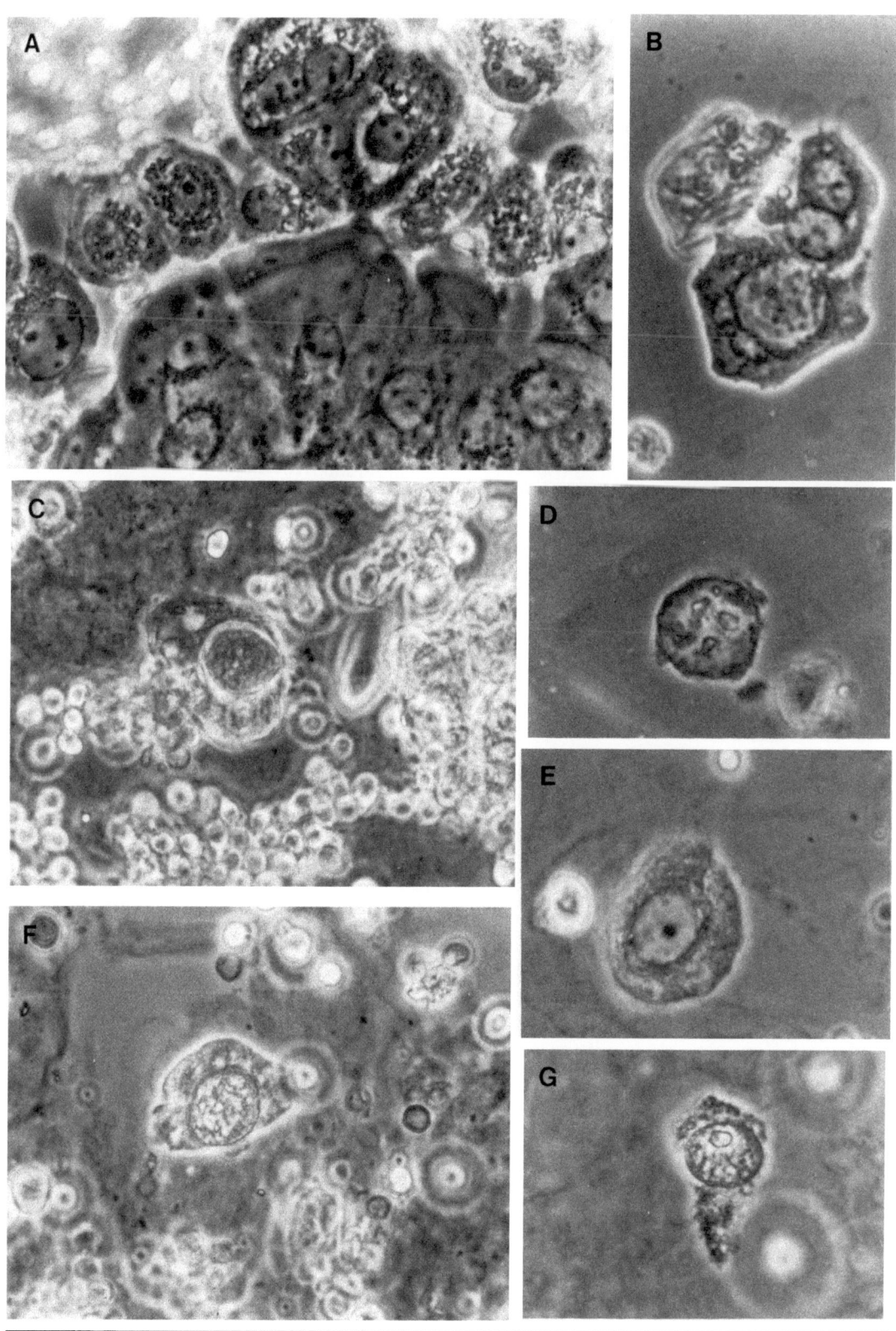

93

6. Grad I Blasentumoren

Abbildungen 32 und 33. *Klinische Vorgeschichte:* Ein 60 Jahre alter Mann mit einer 3jährigen Anamnese von rezidivierenden schmerzlosen Makrohaematurien ohne Miktionsstörung. Die Zystoskopie ergab gestielte papilläre Tumoren, die reseziert wurden. Zystoskopie ein, fünf und sieben Jahre später: Rezidive von kleinen gestielten papillären Tumoren

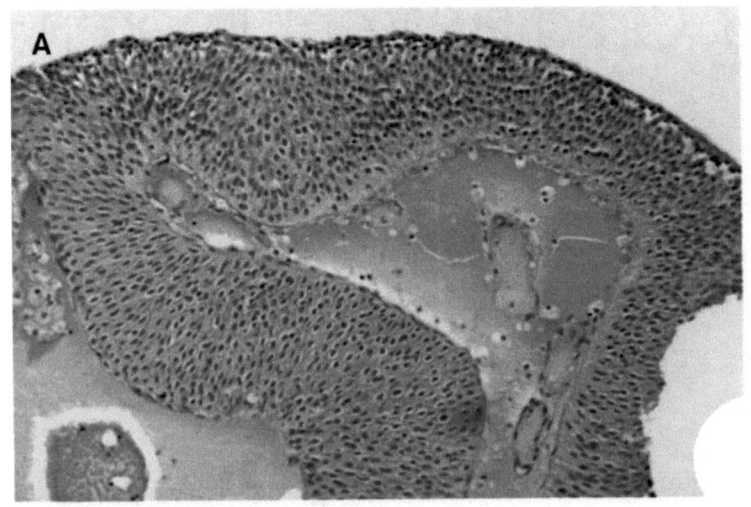

Abb. 32. A Grad I-papillärer Tumor der Blase, Biopsiepräparat. Das bedeckende Epithel ist regelrecht, leichte Variation in der Kerngröße. Flache oberflächliche Zellen sind vorhanden (×104). **B** Zeichnung eines Schnittes durch einen Grad I-Tumor. Die Epithelzellen haben lange zytoplasmatische Schwänze und ovale Kerne; derartige Zellen findet man häufig im Urin dieser Patienten (×355)

Abb. 33. A MGG-gefärbte Tumorzellen. Beachte die palisadenförmige Anordnung der Kerne und die leichte Anisokariose (×500).
B MGG-gefärbte Tumorzellen. Zellen mit ovalen Kernen und langen zytoplasmatischen Ausstülpungen herrschen vor (×500)
C MGG-gefärbte Tumorzellen. Leichte Kernveränderungen (×500)
D und **F** Normale Zellen aus tieferen Schichten; beachte die zytoplasmatischen Schwänze (PKM ×500).
E Verband von Zellen etwa wie in **B**; ovale Kerne mit leichter Unordnung und Vergrößerung. Die Kernkörperchen sind klein (PKM ×500)

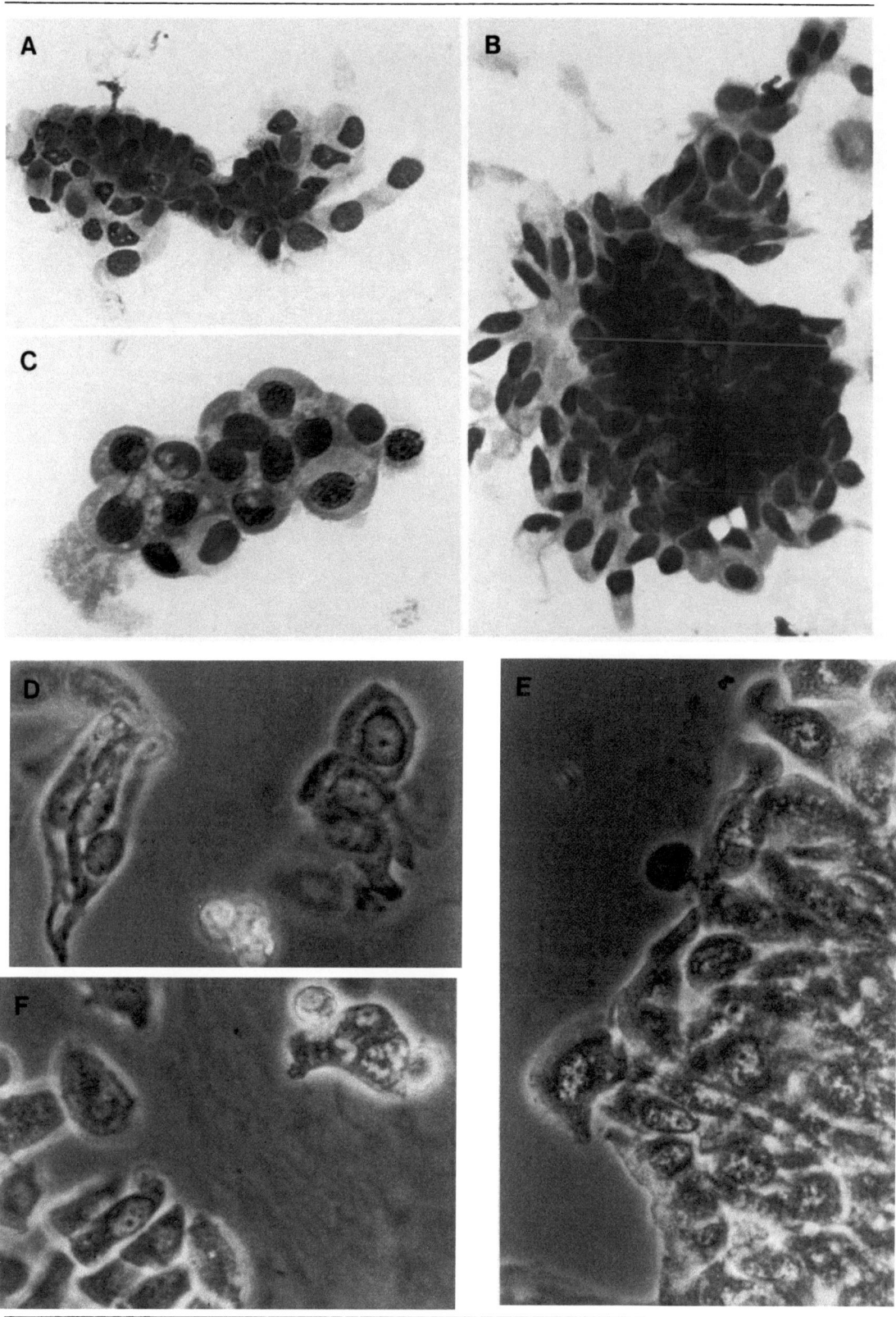

7. Grad II Blasentumoren mit und ohne infiltratives Wachstum

Abbildungen 34 und 35. *Klinik:* Eine 30 Jahre alte Patientin mit Haematurie und Miktionsbeschwerden. Zystoskopisch fanden sich mehrere kleine papillomatöse Tumoren. Histologie: Grad II-Tumoren mit infiltrativem Wachstum (Abb. 34D). Bei den Verlaufskontrollen hatte sie mehrere Tumorrezidive von gleichem histologischen Typ. 4 Jahre später jedoch ergab die Urinzytologie eine zunehmende Atypie und die Blasenbiopsie wies infiltratives Wachstum nach (Abb. 35E). Wegen der starken Rezidivneigung und dem infiltrativen Wachstum wurde eine radikale Zystektomie vorgenommen (Abb. 35D)

Abb. 34. A, B, C, E und **F** Zellen eines Grad II-nicht-infiltrativen papillären Blasentumors. **A** und **E** MGG-gefärbte Zellen. Beachte den Kernreichtum und den Verlust der cellulären Polarität (× 465). **D** Grad II-Tumor ohne infiltratives Wachstum. Beachte den Verlust der Zellpolarität. Mitotische Figuren, abnorme Kernformen und multiple Kernkörperchen (× 465). **B** und **C** Papanicolaou-gefärbte Zellen der gleichen Präparate wie **D**. Beachte die prominenten Kernkörperchen und das ungünstige Nukleus/Nukleolus-Verhältnis (× 465). **F** Gruppe von Zellen mit leichter Atypie. Beachte die zahlreichen kleinen Nukleoli (PKM × 465)

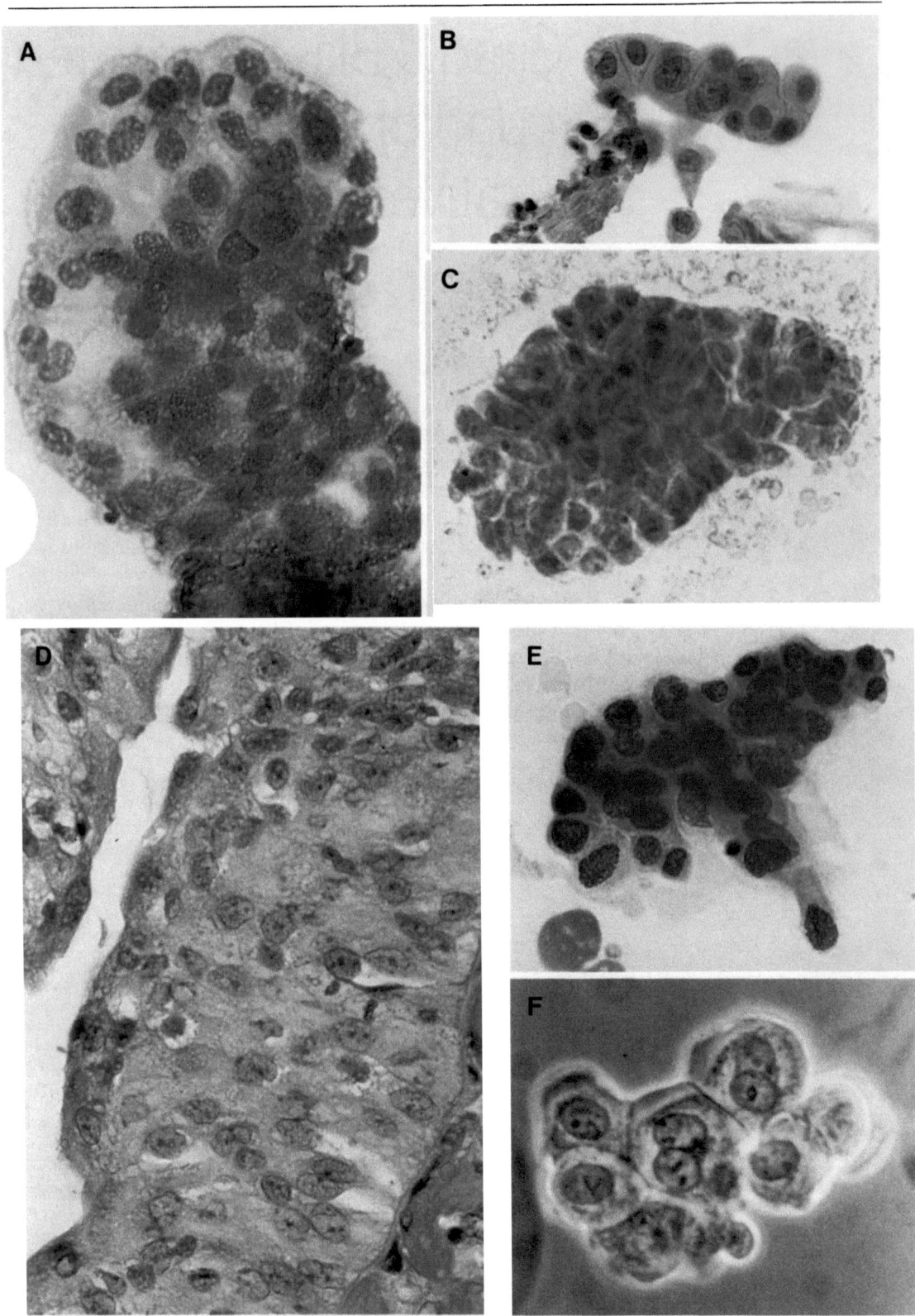

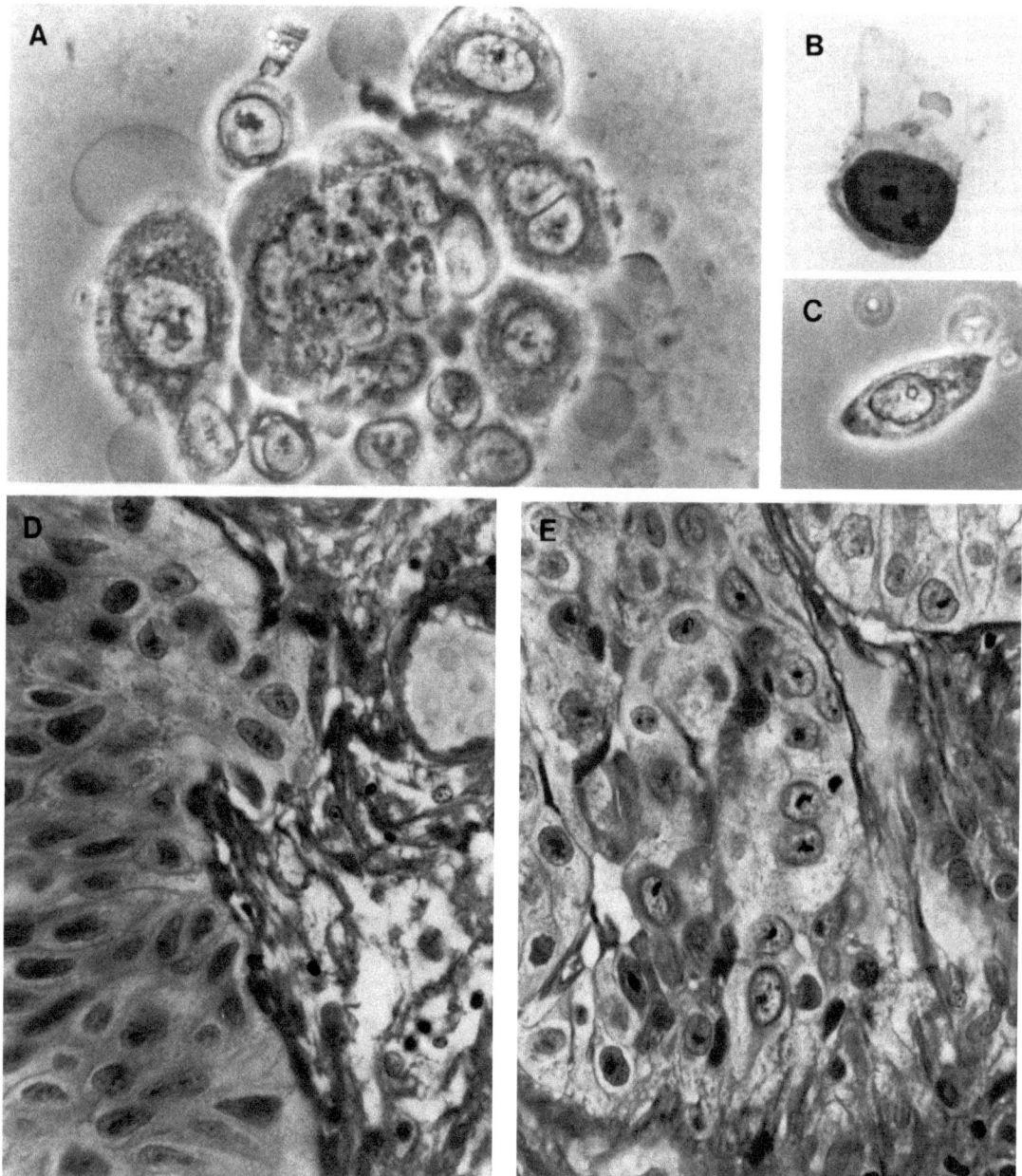

Abb. 35. A Gruppe von Zellen mit überlappenden Kernen, Kernen von unterschiedlicher Größe und prominenten Kernkörperchen (PKM × 455). **B** MGG-gefärbte Tumorzellen mit groben Abnormitäten, wie einer Größenzunahme hyperchromer Kerne mit prominenten Kernkörperchen (× 500). **C** Zelle mit unregelmäßig geformtem Kern, verdickter Kernmembran und großem Nukleolus (PKM × 450). **D** Zystektomie-Präparat. Diffuser papillärer Tumor Grad II mit Infiltration neoplastischer epithelialer Zellen an der Muskelwand (× 450). **E** Biopsie-Präparat vom gleichen Patient 1 Jahr vor der Zystektomie. El. v.G. Färbung. Grad II-Tumor mit invasivem Wachstum (× 450)

8. Grad II Blasentumoren und Grad III Uretertumor

Abbildungen 36 und 37. *Klinik:* Ein 44 Jahre alter Bäcker, der mit 37 Jahren zum ersten Mal wegen rezidivierender schmerzloser Haematurie und Miktionsbeschwerden untersucht wurde. Die Zystoskopie deckte einen papillären Tumor Grad II auf, der exzidiert wurde. Rezidive traten nahezu jedes Jahr auf. 6 Jahre nach der Erstuntersuchung stellte sich im Ausscheidungsprogramm ein Harnleitertumor links dar.
Es wurde eine Nephroureterektomie vorgenommen.
Histologie: Urothelcarcinom Grad III.
Die regionären Lymphknoten waren bereits befallen. 1 Jahr später starb der Patient an ausgedehnter Metastasierung

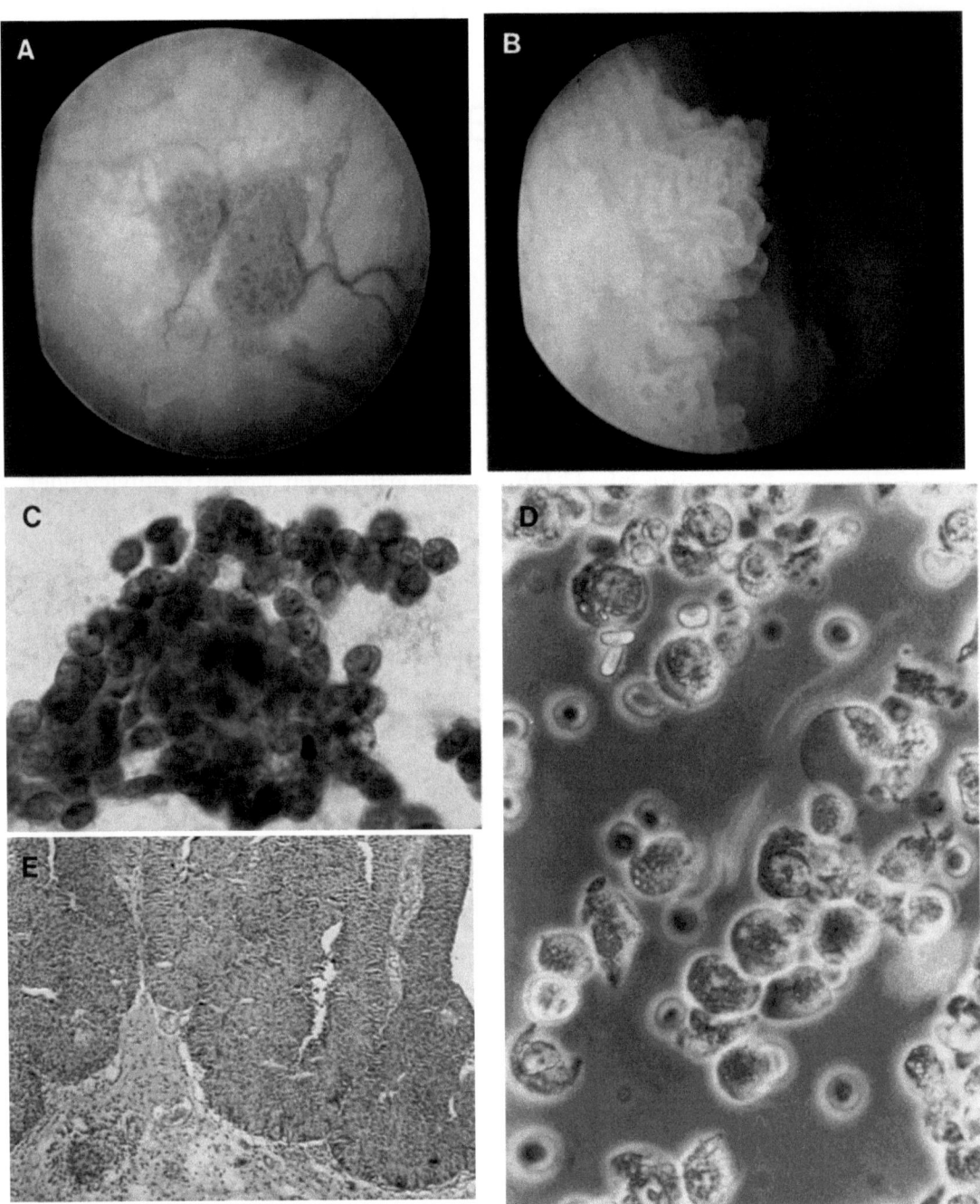

Abb. 36. A und **B** Zystoskopisches Bild des primären Blasentumors. Endoskopische Aufnahme. **C** Papanicolaou-gefärbte maligne Zellen. Beachte die überlappenden Kerne und die leichte Verdichtung des Chromatins (×440). **D** Grad II-Tumor-Infiltration. Zellverband. Die Kernplasmarelation ist verändert. Verdickte Kernmembran und prominente Nukleoli (PKM ×440). **E** Blasenbiopsie, Grad II-Tumor mit fokalem infiltrativen Wachstum (×110)

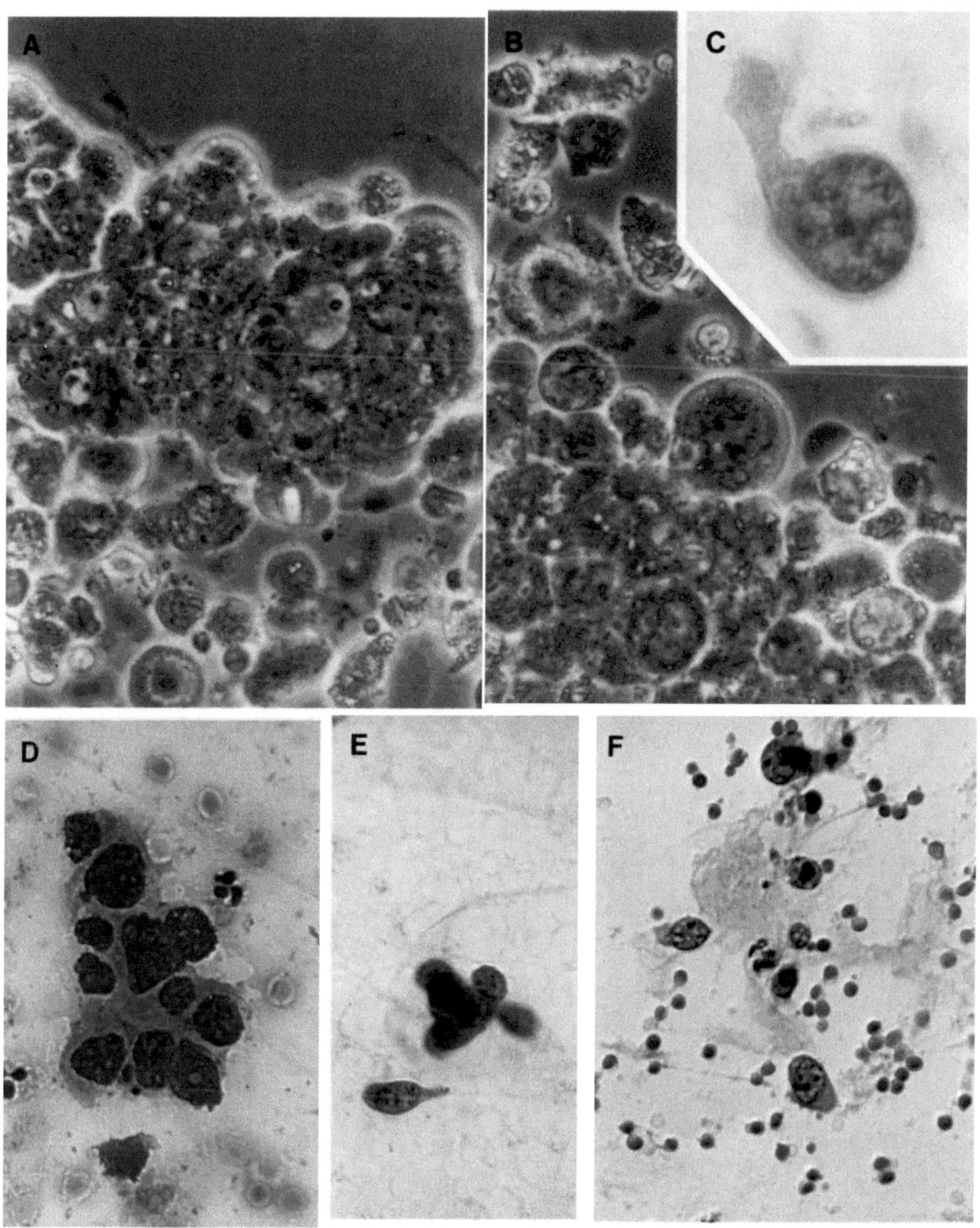

Abb. 37. A und **B** Verbände von Zellen mit großen überlappenden Kernen und einigen prominenten Kernkörperchen (PKM × 475). **C** Papanicolaou-gefärbte maligne Zellen. Beachte die ungleichmäßige Verteilung des Chromatins (× 119). **D** MGG-gefärbte Tumorzellen, Nierenbeckenspülflüssigkeit. Beachte die ausgeprägten Abnormitäten des Chromatins und die Anisokariose (× 475). **E** und **F** Papanicolaou-gefärbte Tumorzellen im Sediment des gleichen Präparates wie **C**. Die Zellen sind mit denen in **C** vergleichbar

9. Grad II Blasentumor und Urethratumor mit infiltrativem Wachstum

Abbildungen 38 und 39. *Klinik:* Ein 60jähriger Polizist mit Urolithiasis und dadurch bedingter Haematurie und Schmerzen in der Anamnese. Bei der Einweisung: Schmerzlose Haematurie. Zystoskopie: Papillärer Tumor; histologisch Grad II.
Verlaufskontrolle: 1 Jahr später papillärer Rezidivtumor am Blasendach. 2 Jahre später mehrere Rezidive im Bereich der gesamten Blase. Histologie: Grad II-Tumor mit infiltrativem Wachstum. Eine radikale Zystektomie wurde durchgeführt (Abb. 38a).
1 Jahr nach der Zystektomie klagte der Patient über Ausfluß aus der Harnröhre. Zytologie des Ausflusses: Maligne Urothelzellen. Es wurde eine Urethrektomie vorgenommen. Die Urethra war durchsetzt mit zahlreichen Grad II-papillären Tumoren mit infiltrativem Wachstum und Tumorzellen in den Lymphgefäßen und der Muskelwand (Abb. 39b)

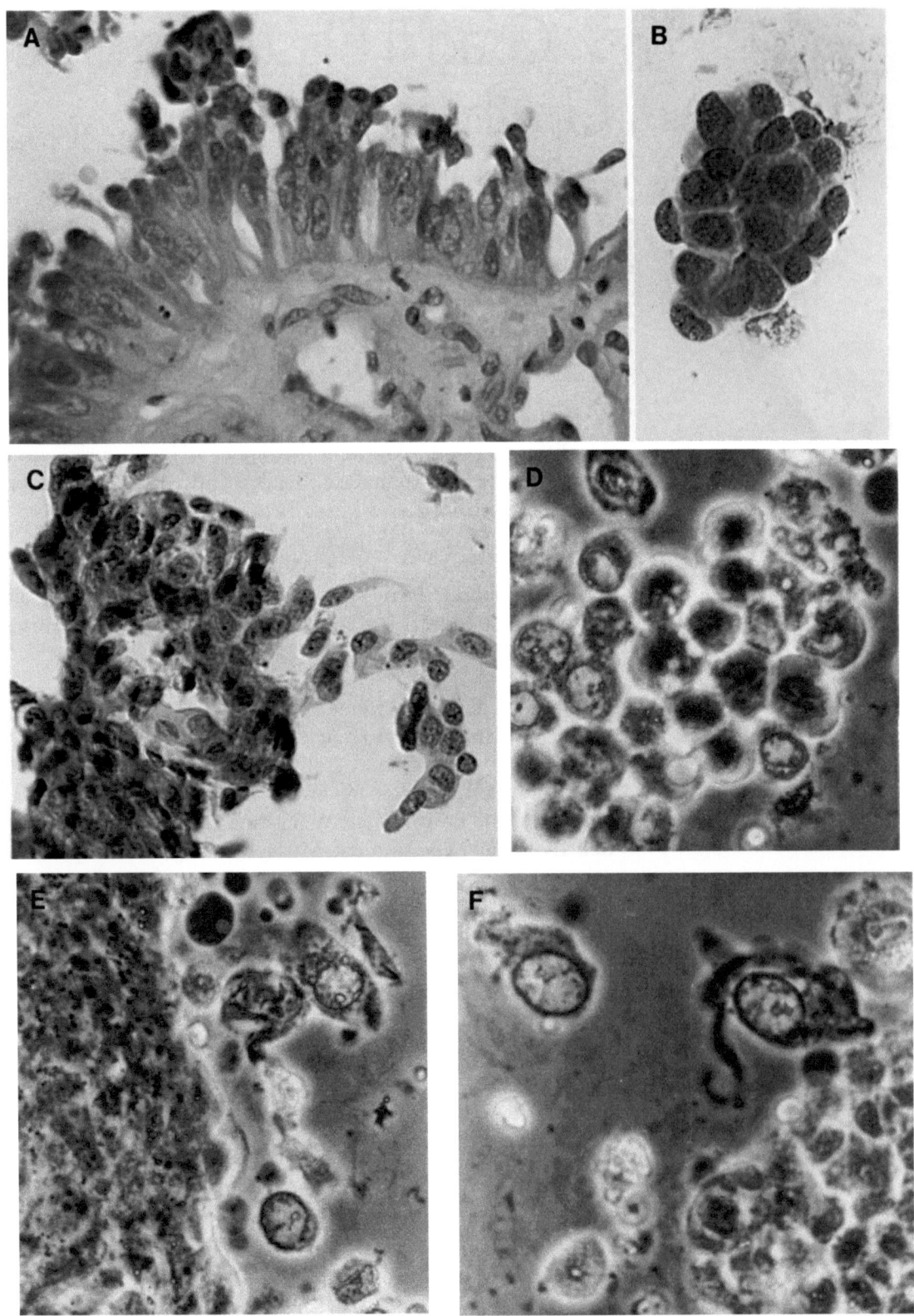

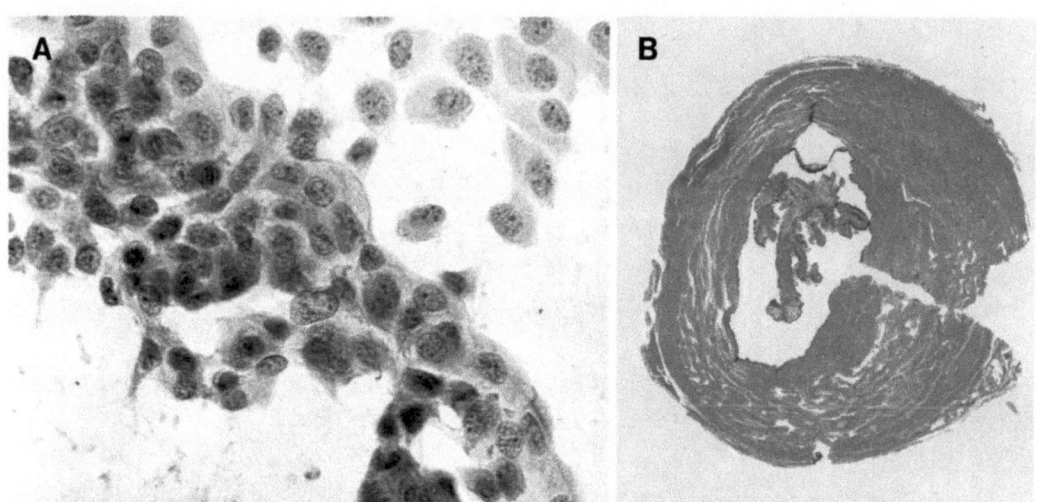

Abb. 39. A Papanicolaou-gefärbte Tumorzellen der Harnröhrenspülflüssigkeit. Das Vorkommen von mehr als 2 prominenten Nukleoli ist verdächtig (×425). **B** Grad II-infiltrativ wachsender Urethratumor. Gewebeschnitt der Harnröhre. Tumorzellen in Lymphgefäßen (×5,2)

◁ **Abb. 38. A** Zystektomiepräparat. Beachte die gestreckte Form der Tumorzellen. Das infiltrative Wachstum ist in dieser Abbildung nicht zu erkennen (×450). **B** MGG-gefärbte Tumorzellen. Beachte die lockere, körnige Struktur des Chromatins (×450). **C** Grad II-infiltrativer Blasentumor. Papanicolaou-gefärbte Tumorzellen des gleichen Präparates wie **B**. Beachte die gestreckte Form der Tumorzellen, die leichte Verdichtung des Chromatins und die zahlreichen Nukleoli (×450). **D** Verband von Zellen mit veränderter Kern/Zytoplasmarelation (PKM × 450). **D** Verband von Zellen mit veränderter Kern/Zytoplasmarelation (PKM × 450). **E** und **F** Atypische Zellen mit verdichteter Kernmembran, Kernaufhellung und mehreren Kernkörperchen. Veränderte Kernzytoplasmarelation (PKM × 450)

10. Grad III Blasen-, Nierenbecken- und Uretertumoren

Abbildung 40. *Grad III-Blasencarcinom. Klinik:* Ein 51 Jahre alter Wächter mit einer 4jährigen Anamnese von Dysurie und Pollakisurie. Im AUG sind beide Nierenbecken und Ureteren ektatisch. Zytologie: Nachweis maligner Zellen. Zystoskopie: Das Trigonum und der Blasenhals sind von einem soliden Tumor besetzt. Biopsie: Grad III-Tumor (E) mit Infiltration der Muskelwand. Probelaparatomie: Lymphknotenmetastasen. Im Hinblick auf die Beschwerden des Patienten und die Hydronephrosen wurde als palliative Maßnahme eine Uretero-Ileokutaneostomie vorgenommen. Der Patient starb 4 Monate später an generalisierter Metastasierung

Abbildung 41. *Grad III Blasen-, Nierenbecken- und Harnleitertumoren. Klinik:* 65jähriger Patient mit Makrohaematurie. Zystoskopie: Große papilläre Tumoren. Histologie: Grad III-Tumor mit infiltrativem Wachstum. Später zahlreiche Rezidive. In der Folge entwickelte sich eine Hydronephrose der rechten Niere und die antegrade Pyelographie demonstrierte Füllungsdefekte im Harnleiter. Daraufhin wurde eine Nephroureterektomie durchgeführt. Das Operationspräparat enthielt weit verstreute papilläre Tumoren des Harnleiters und des Nierenbeckens vom Typ Grad III mit oberflächlich infiltrativem Wachstum. Im Verlaufe des 1. postoperativen Jahres keine Beschwerden. Die Zystoskopie demonstrierte jedoch mehrere papilläre Tumoren. Die Zytologie blieb positiv im Hinblick auf Tumorzellen. Transurethrale Resektion: Papillärer Tumor mit infiltrativem Wachstum. Eine Zystektomie ist bei negativen Lymphknoten die notwendige nächste therapeutische Maßnahme

Abb. 42. *Grad III-Tumor im Harnleiterstumpf nach Nephrektomie. Klinik:* 33 Jahre alter Patient. 1 Jahr nach Entfernung einer rechtsseitigen hydronephrotischen Niere: Rezidivierende Mikro- und Makrohaematurie. Zystoskopie: Ohne pathologischen Befund. AUG: normale linke Niere und Harnleiter. Zytologie: maligne Zellen. Aufgrund der positiven zytologischen Befundung wurde der rechte Harnleiterstumpf durch retrograde Pyelographie dargestellt. Nachweis des Tumors und operative Exzision

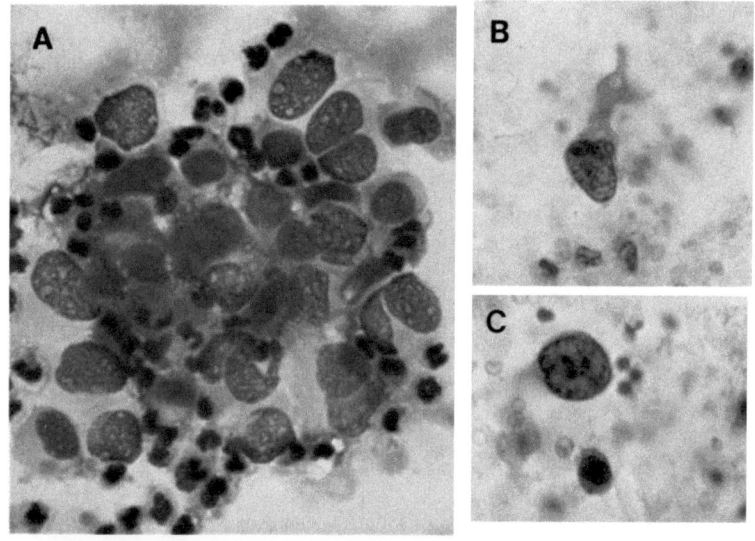
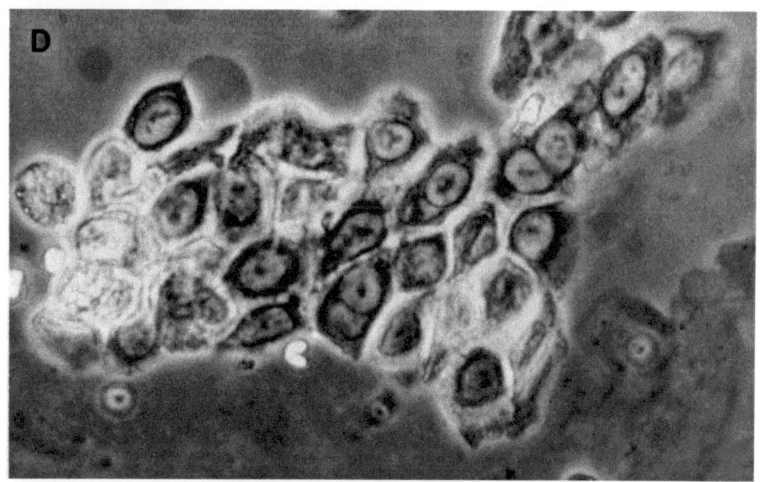
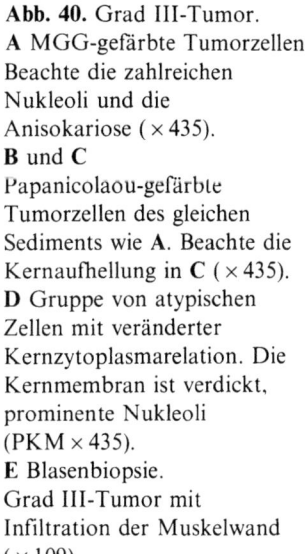
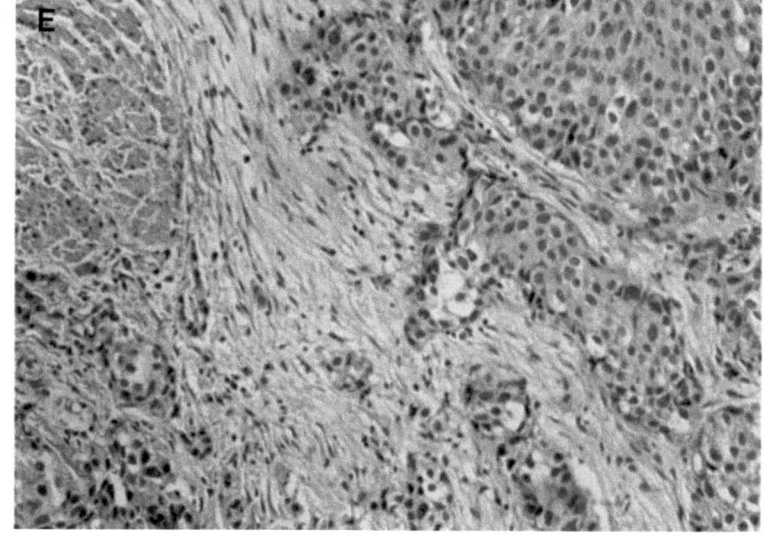

Abb. 40. Grad III-Tumor.
A MGG-gefärbte Tumorzellen. Beachte die zahlreichen Nukleoli und die Anisokariose (×435).
B und **C** Papanicolaou-gefärbte Tumorzellen des gleichen Sediments wie **A**. Beachte die Kernaufhellung in **C** (×435).
D Gruppe von atypischen Zellen mit veränderter Kernzytoplasmarelation. Die Kernmembran ist verdickt, prominente Nukleoli (PKM ×435).
E Blasenbiopsie. Grad III-Tumor mit Infiltration der Muskelwand (×109)

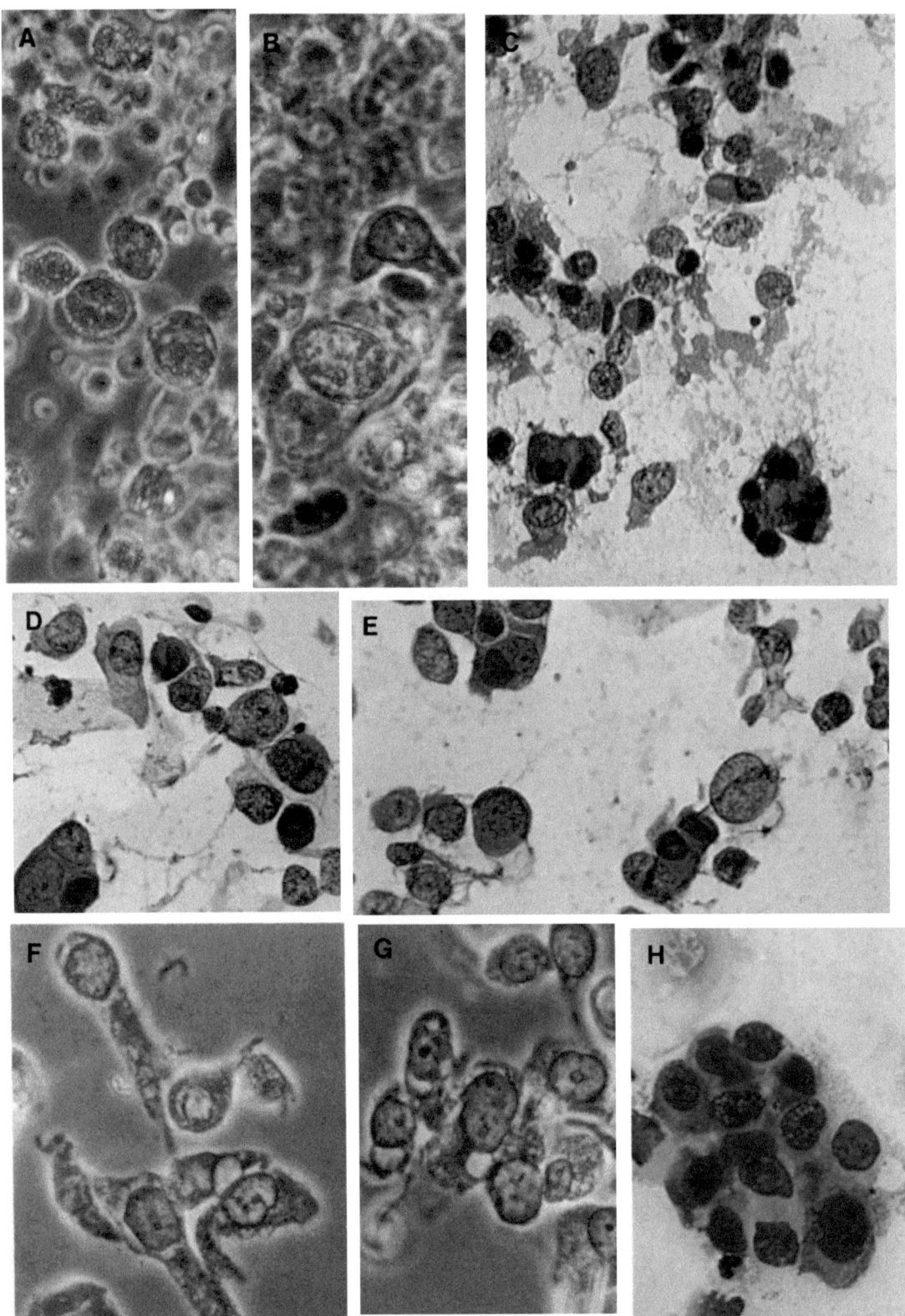

Abb. 41. A und **B** Atypische Zellen mit großen Kernen und wenig Zytoplasma. Unregelmäßig geformte Kerne. Viele große Kernkörperchen (PKM × 415).
C und **E** Papanicolaou-gefärbte Tumorzellen. Beachte die große Variation in der Kerngröße, Variationen in der Chromatinstruktur und die prominenten Kernkörperchen. Die Krebszellen liegen vornehmlich vereinzelt (× 415).
F und **G** Atypische Zellen mit irregulären und polymorphen Kernen und prominenten Kernkörperchen (PKM × 415).
H MGG-gefärbte Tumorzellen des gleichen Sediments wie **C, D** und **E**. Beachte die Polychromasie, Prominenz der Nukleoli und das abnorme Bild des Chromatins (× 415)

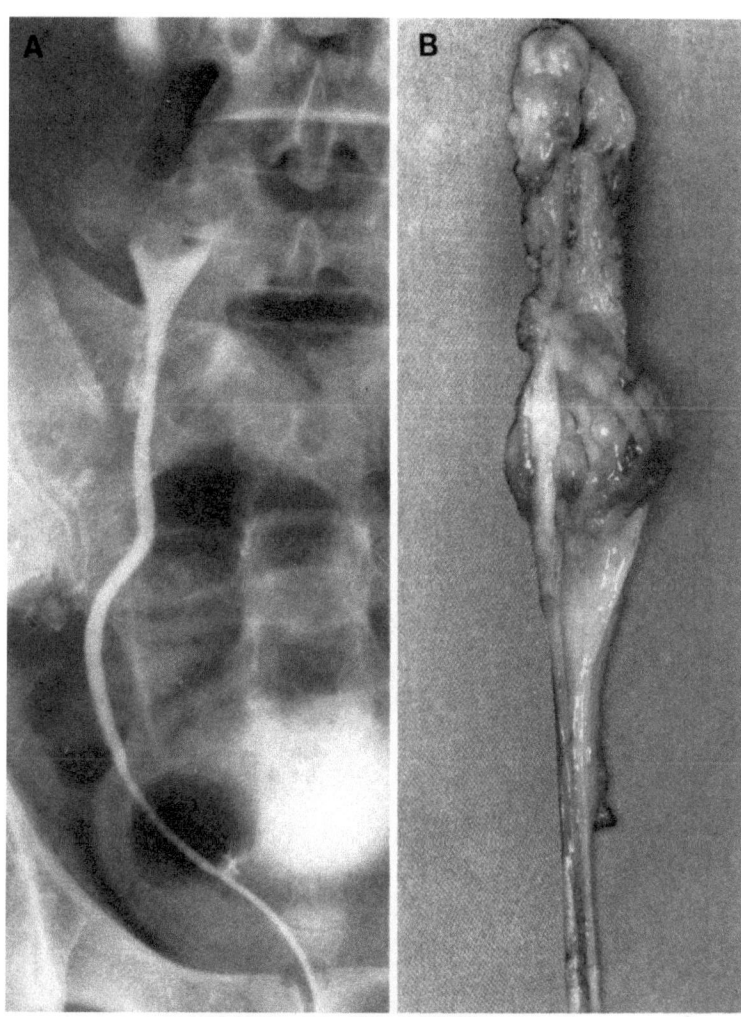

Abb. 42. A Im retrograden Pyelogramm des rechten Ureterstumpfes kommt ein Tumor zur Darstellung.
B Operationspräparat mit einem papillären Tumor Grad III.
C Maligne Zellen mit verdichteter Kernmembran, veränderter Kern-Zytoplasmarelation und hervortretenden Kernkörperchen (PKM × 470)

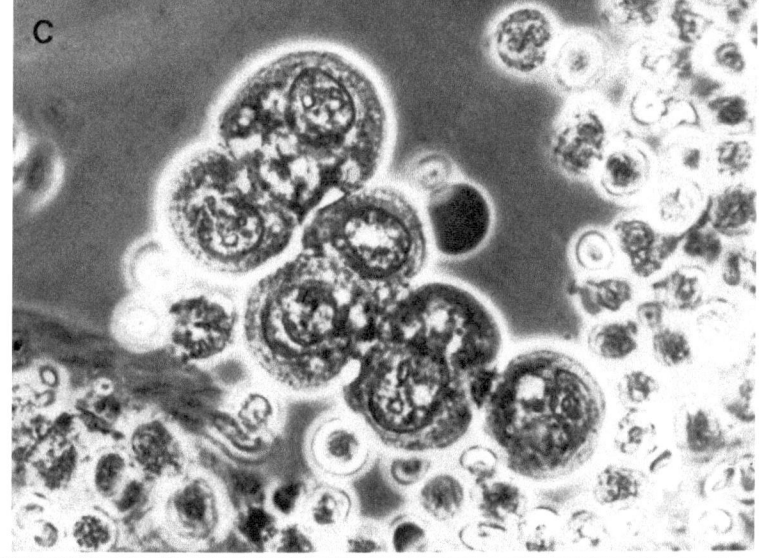

11. Grad III Tumoren von Nierenbecken, Ureter und Blase

Abbildungen 43 und 44. *Klinik:* Ein 75 Jahre alter Techniker mit Makrohaematurie. Im AUG Füllungsdefekt im rechten Nierenbecken. Zystoskopie: Mehrere kleine papilläre Tumoren in der Blase. Zytologische Untersuchung des Spontanurins als auch der Nierenbeckenspülflüssigkeit nach retrograder Sondierung: positiv im Hinblick auf Malignität. Es wurde eine rechtsseitige Nephroureterektomie und eine transurethrale Elektroresektion der Blasentumoren vorgenommen. Histologische Diagnose: Infiltrativer Grad III-Tumor im Nierenbecken und Harnleiter. Bei Kontrollen hatte der Patient mehrere Tumorrezidive in der Blase. Er lehnte eine Zystektomie ab und starb 2 Jahre später an einer Herzerkrankung und multiplen Metastasen

Abbildung 45. *Klinik:* 55 Jahre alte Patientin. Keine Beschwerden bis zur Ausbildung einer Makrohaematurie. PKM **B** und die Methylenblaufärbung **C** des Harnsediments waren positiv. Ein Tumor des rechten Nierenbeckens wurde diagnostiziert und eine Nephroureterektomie vorgenommen. Histologie: Infiltrativer Tumor Grad III **A**

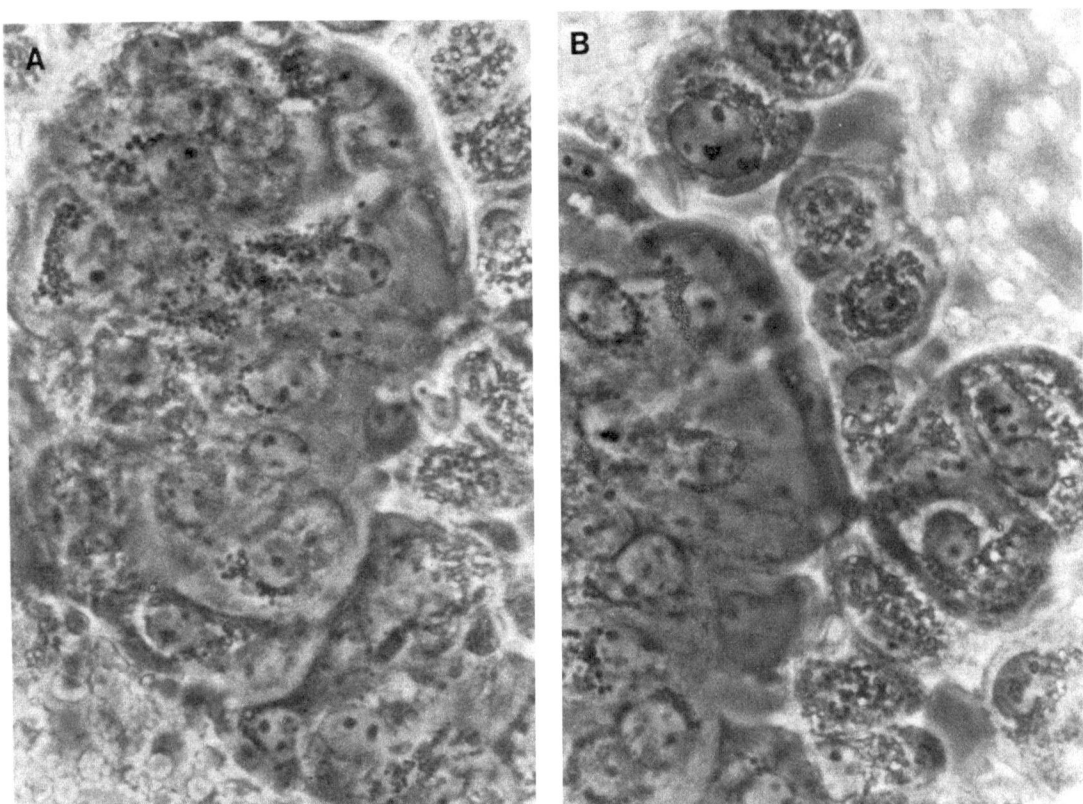

Abb. 43. A und **B** Großer Zellverband mit vielen überlappenden Kernen unterschiedlicher Größe und Form. Beachte die zahlreichen und prominenten Kernkörperchen. Nierenbeckenspülflüssigkeit (PKM × 430)

Abb. 44. A und **D** Gruppen von atypischen Zellen mit vielen Kernabnormitäten wie Polymorphie, Kernaufhellung, multiplen Kernkörperchen (PKM × 435). **E** und **F** MGG-gefärbte Tumorzellen. Beachte die Anisokariose, die abnormen Kernformen und die **E** perlschnurartige Anordnung des Zytoplasmas (spezifisch für Urothelzellen) (× 435). **G** und **H** Nierenbeckentumor Grad III. Beachte die ausgeprägten Kernabnormitäten. Der Tumor ist noch als Übergangszelltyp erkennbar (G: × 108; H: × 435)

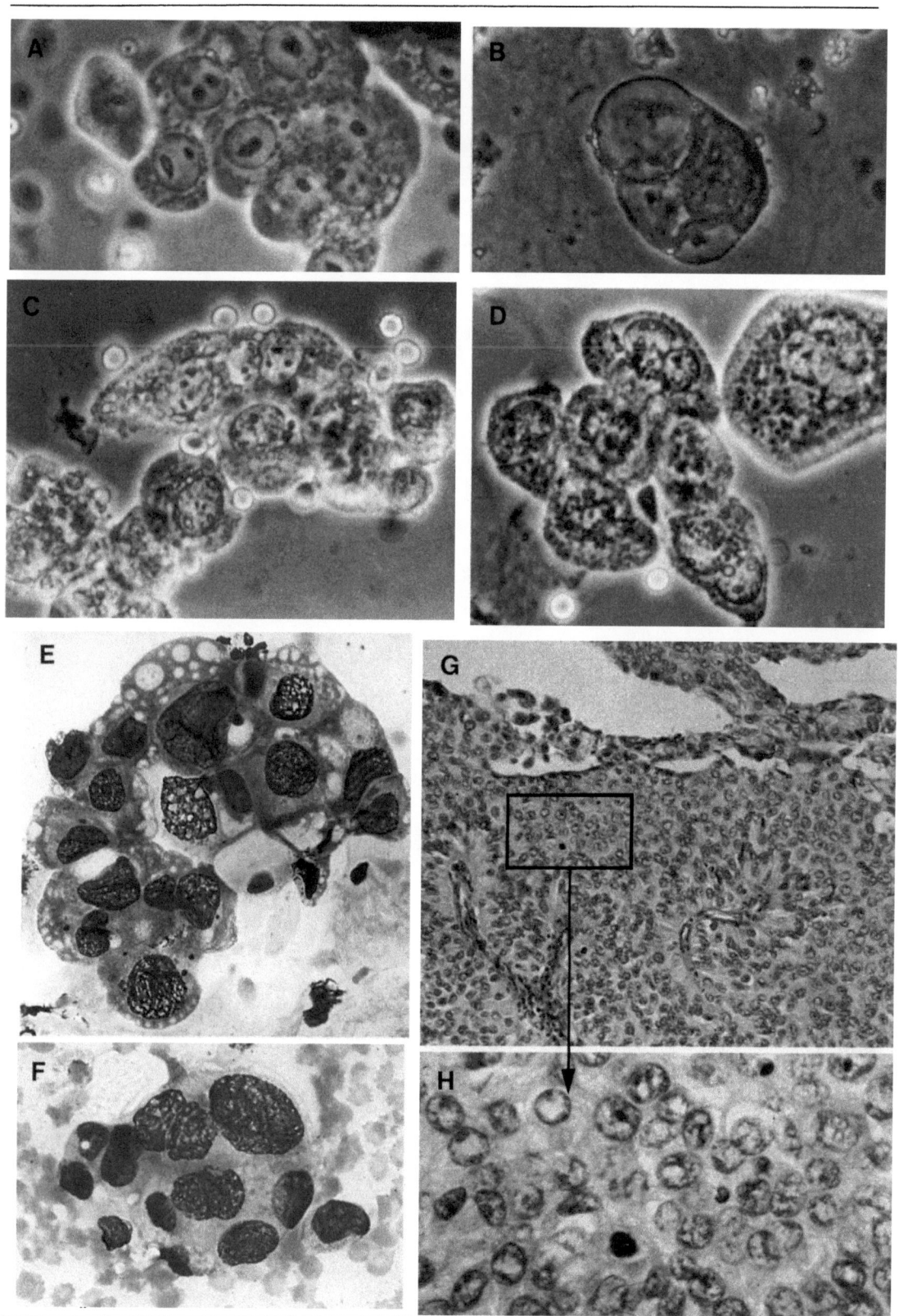

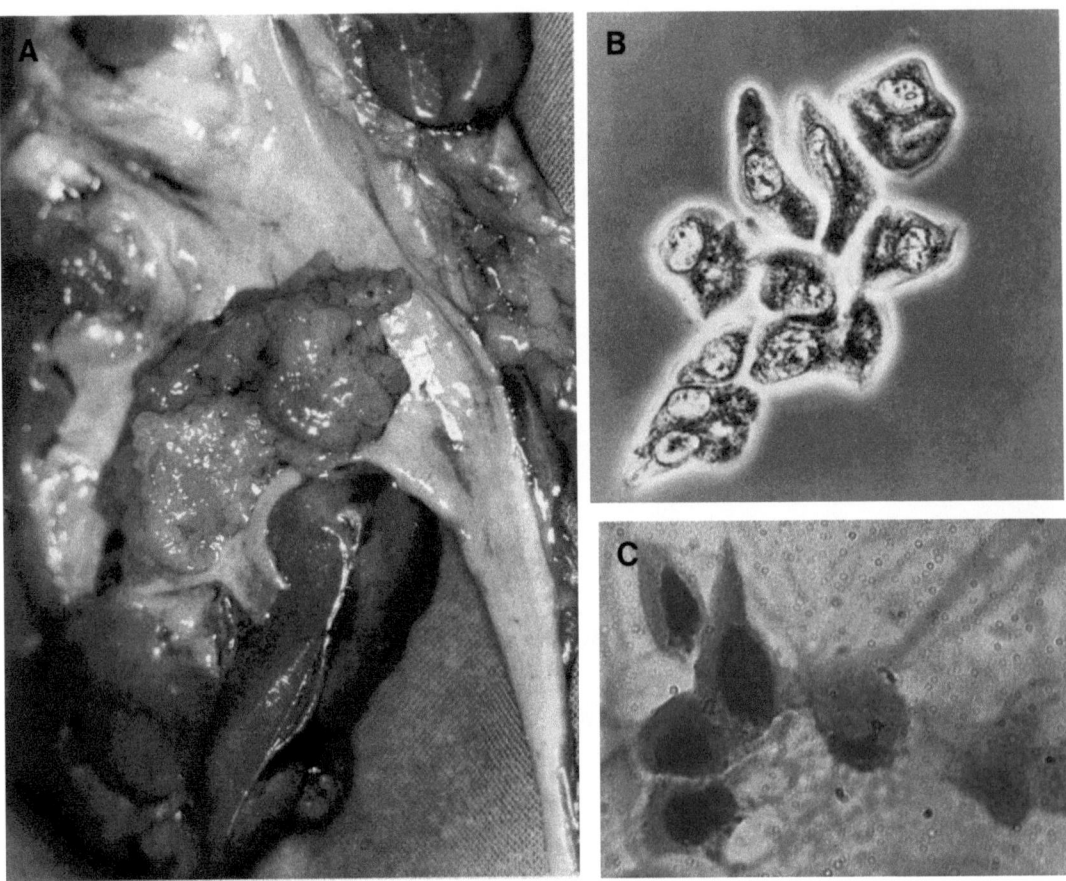

Abb. 45. A Operationspräparat eines Nierenbeckentumors Grad III. **B** Maligne Zellen mit veränderter Kernplasmarelation und abnormen Kernstrukturen (PKM × 390). **C** Maligne Zellen unterschiedlicher Form (Methylenblau × 390)

12. Grad IV Blasentumoren

Abbildung 46. *Klinik:* 57jähriger Patient mit Pollakisurie und Dysurie. Zystoskopie: solider Tumor an der Blasenhinterwand. Die Blase wurde mit 2000 rad bestrahlt und eine radikale Zystoprostatektomie durchgeführt

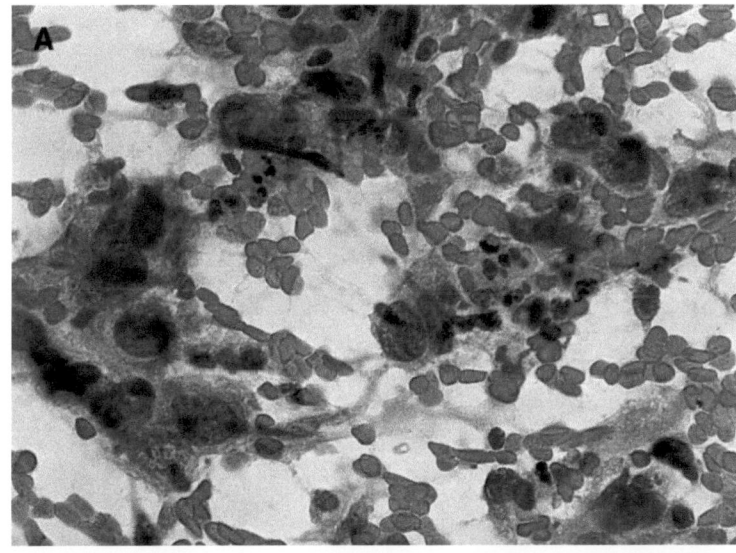

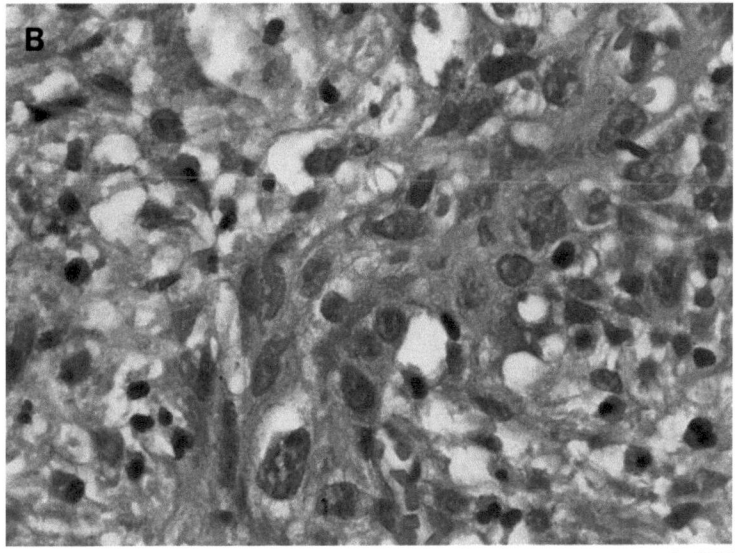

Abb. 46. Grad IV-Tumor.
A Papanicolaou-gefärbte Tumorzellen. Carcinomzellen mit unterschiedlichen Kerngrößen und Formen und unterschiedlich ausgebildetem Zytoplasma. Sehr große Kernkörperchen ($\times 455$).
B Biopsie: Solides Carcinom Grad IV mit Plattenepitheldifferenzierung

13. Solides Carcinom der Blase Grad IV

Abbildung 47 und 48. *Klinik:* 55jähriger Mann mit Miktionsbeschwerden und Haematurie. Auswärts wurde durch die Zystoskopie eine unspezifische chronische Zystitis diagnostiziert. 6 Monate später Vorstellung wegen anhaltender Beschwerden. Zystoskopie: Rote, samtartige und geschwollene Areale. Verdacht auf Carcinoma in situ. Die Biopsie aus einem verdächtigen Areal ergab ein solides Carcinom mit tiefer Infiltration in die Muskulatur. Die weitere Behandlung erfolgte am Heimatort

Abb. 47. A MGG-gefärbte Tumorzellen. Beachte den mangelhaften Zusammenhalt der Tumorzellen, abnorme Kernformen und prominente Kernkörperchen (× 500). **B** und **C** Papanicolaou-gefärbte Tumorzellen vom gleichen Sediment. Beachte die Kernaufhellung, Verdichtung des Chromatins neben der Kernmembran und die unregelmäßige Chromatinverteilung. In **C** ist ein prominenter Nukleolus erkennbar (× 500). **D, E** und **F** Zellen unterschiedlicher Größe und Form, große Zellkerne und zahlreiche prominente Kernkörperchen (PKM × 500)

Abb. 48 A und **B** Biopsiepräparat. Solides Carcinom. Riesenkerne (→). Im oberen Teil mäßig differenziertes **B**, im unteren Teil undifferenziertes Carcinom (Grad IV)

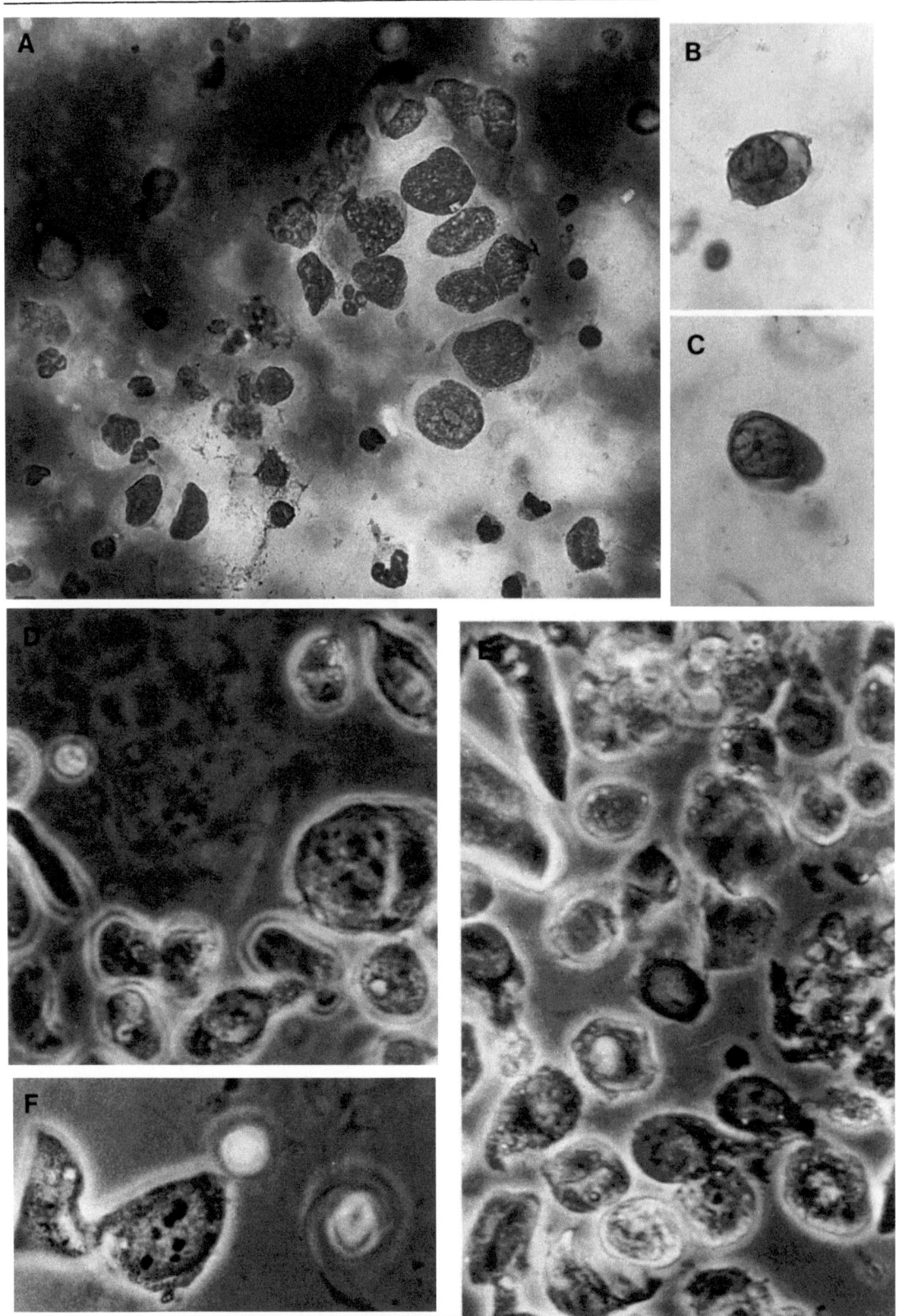

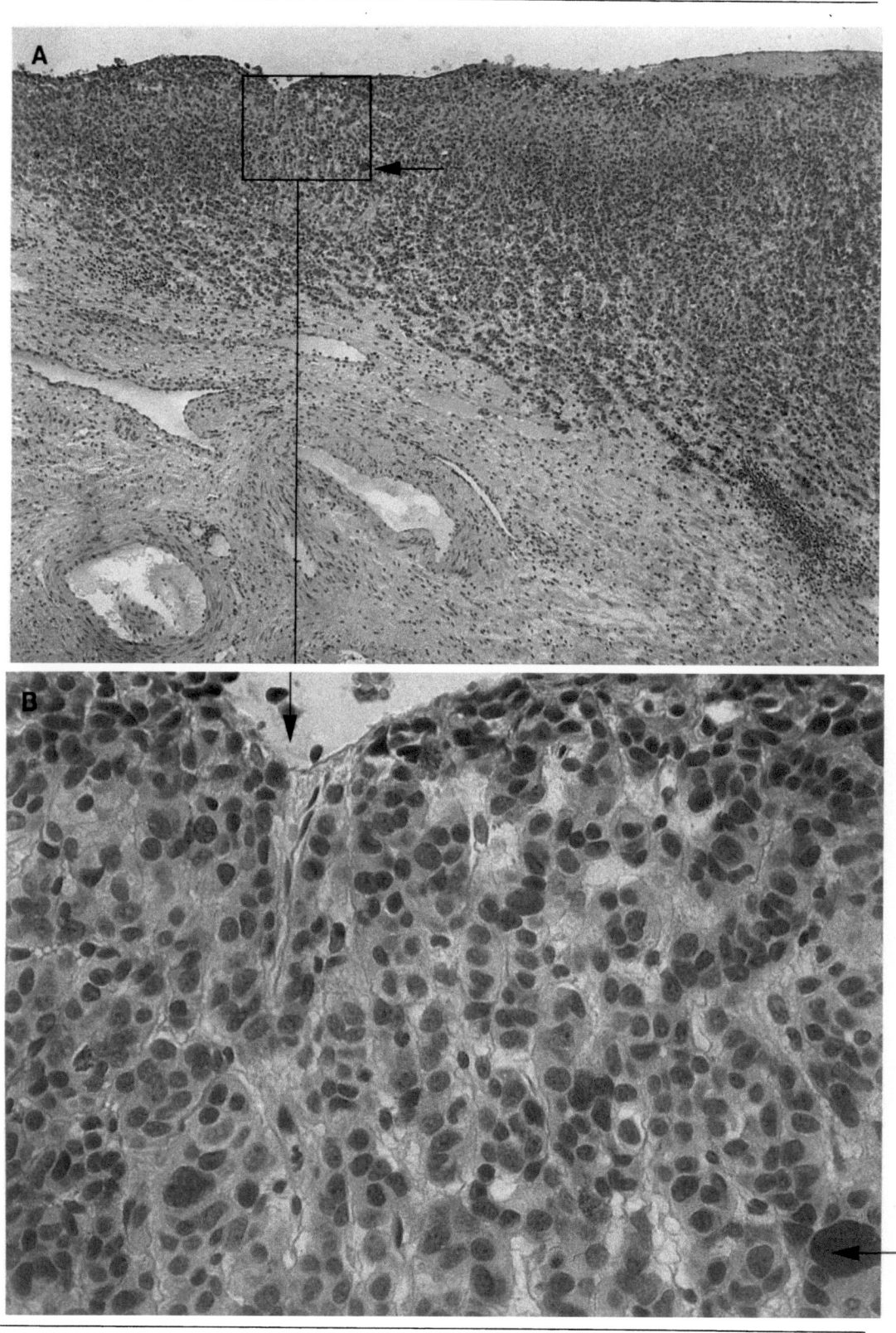

14. Carcinoma in situ

Abbildung 49. *Sekundäres Carcinoma in situ der Harnblase.*
Klinik: 78jähriger Patient mit Makrohaematurie. Im AUG linksseitige Hydronephrose durch einen Harnleitertumor. Operation: Linksseitige Nephroureterektomie mit Blasenmanschette. Histologie: Undifferenziertes Carcinom des Urothels. Im Verlaufe des folgenden Jahres verblieb die Urinzytologie positiv im Hinblick auf Malignität. Die histologische Untersuchung von Biopsien ergab ein Carcinoma in situ. Aufgrund des Alters Behandlung mit Thiotepa

Abbildung 50. *Primäres Carcinoma in situ der Harnblase.*
Klinik: 62jähriger Patient mit Dysurie und Pollakisurie. Zytologie: positiv im Hinblick auf Malignität. Zystoskopie: zahlreiche rote, samtartige Areale in der Harnblase. Probebiopsien: Carcinoma in situ. Eine Zystektomie wurde vorgeschlagen und akzeptiert. Das Zystektomiepräparat enthielt ein multifokales Carcinoma in situ im gesamten Blasenepithel und an einigen Stellen eine beginnende Infiltration der Lamia propria

Abbildung 51. *Primäres Carcinoma in situ von Harnleiter und Blase. Klinik:* Eine 63jährige Patientin klagt über Dysurie und Pollakisurie. Kolikartige Schmerzen im Bereich des linken lumbokostalen Winkels. 2 Jahre später ergab ein AUG ein Stenose des linken distalen Ureters. Zytologie: positiv im Hinblick auf Malignität. Resektion des distalen Ureters mit Ureteroneocystostomie. Histologie: Carcinoma in situ **A**. In der Folgezeit klagte die Patientin weiter über Pollakisurie und Dysurie. Mehrfach war die Urinzytologie positiv. 3 Jahre nach der Operation ergab die Zystoskopie eine Rötung von samtartigen Arealen im Trigonum. Die histologische Untersuchung des Biopsiematerials ergab wiederum ein Carcinoma in situ. Operation: Zystektomie. Im Zystektomiepräparat fanden sich Areale mit tiefem infiltrativen Wachstum durch die gesamte Blasenwand

Abbildung 52. *Primäres Carcinoma in situ der Harnblase, Harnröhre, Vulva und Vagina. Klinik:* Eine 36jährige Frau klagte über Miktionsbeschwerden und Zeichen einer Zystitis. Es fanden sich keine signifikanten Veränderungen, und eine symptomatische Behandlung wurde eingeleitet. Die Beschwerden bestanden jedoch weiter und 1 Jahr später wurde aufgrund der Urinzytologie, die Zellen mit Hinweisen auf Malignität ergaben, eine Zystoskopie durchgeführt. Bei der Zystoskopie ergab sich kein pathologischer Befund. 6 Monate war die Zytologie weiterhin positiv und bei der folgenden Zystoskopie fanden sich Urothelveränderungen. Mehrere Probebiopsien wurden entnommen. Histologie: Carcinoma in situ. Aufgrund der anhaltenden starken Beschwerden und der anhaltenden positiven Zytologie wurde eine Zystektomie vorgenommen. In einem Harnleiter und in mehreren Arealen der Harnblase fand sich ein Carcinoma in situ. 1 Jahr nach der Zystektomie sah man eine schmerzhafte Vorwölbung des verbliebenen Harnröhrenstumpfes. Die Zytologie des Harnröhrenabstrichs war positiv. Die Histologie des operativ entfernten Harnröhrenstumpfes zeigte ein Carcinoma in situ. Rote und schmerzhafte Areale entwickelten sich an beiden Labien 1 Jahr später. Histologie: Carcinoma in situ. Während der Verlaufskontrolle erstreckte sich diese Veränderung bis in die Vagina. In der Folgezeit wurden Vagina und Vulva operativ entfernt. Histologie: Carcinoma in situ vom Übergangszelltyp. Die Patientin verstarb 4 Jahre nach der Zystektomie an generalisierter Metastasierung

Abb. 53. *Carcinoma in situ mit Ausdehnung in die Prostata. Klinik:* Ein 51jähriger Patient stellte sich mit Dysurie und Haematurie vor. Die Untersuchung ergab bioptisch ein Carcinom der Prostata, und der Patient wurde zur Weiterbehandlung überwiesen. Die Zytologie war wiederholt positiv und die Zystoskopie zeigte einige suspekte Bezirke im Urothel der Harnblase. Die Histologie von Blasen- und Prostatabiopsien ergab ein Carcinoma in situ mit Ausdehnung in die Prostata. Eine Zystoprostatektomie wurde durchgeführt. Im Operationspräparat fand sich ein Carcinoma in situ in den Harnleitern, der Harnblase, der Harnröhre und der Prostata

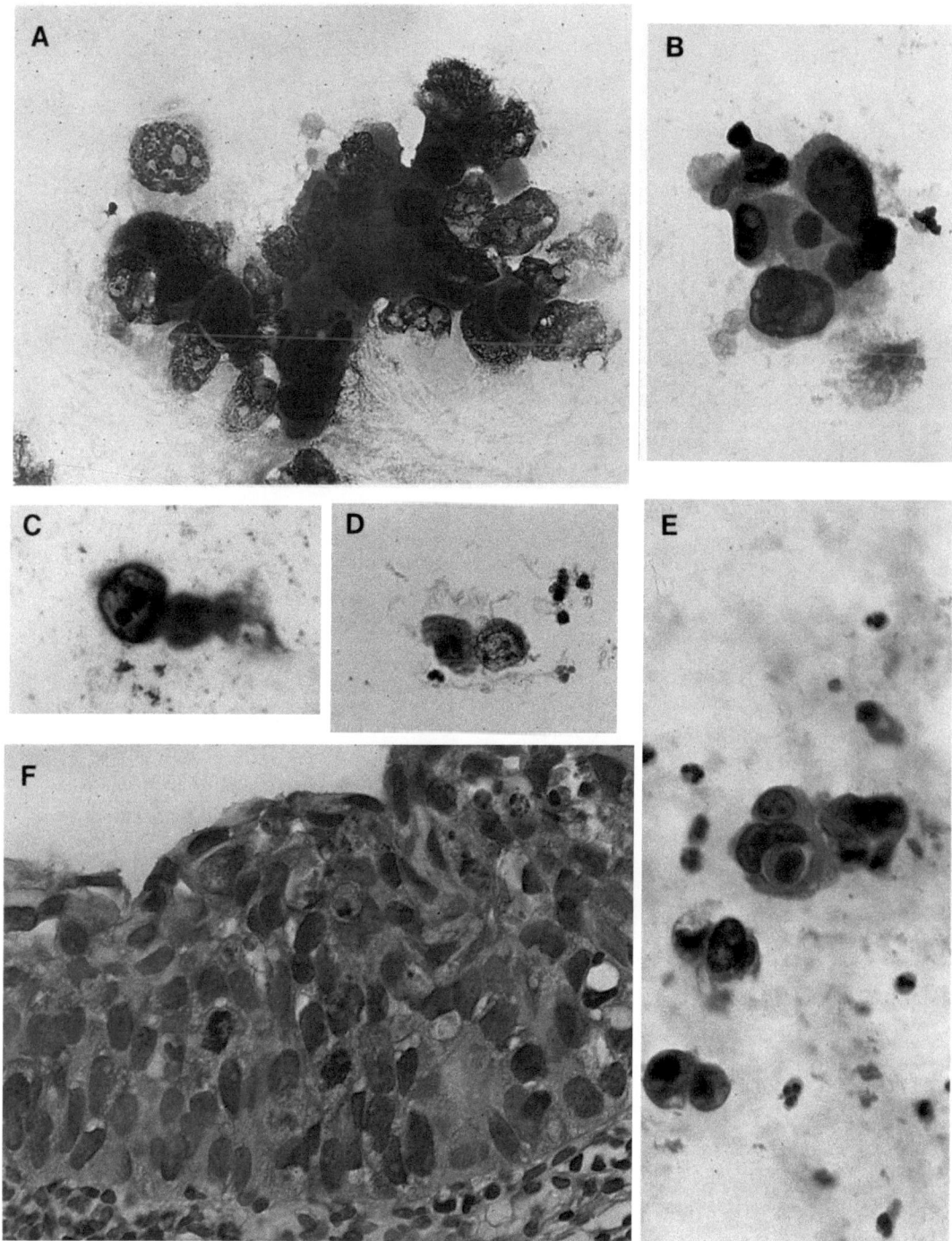

Abb. 49. A und **B** MGG-gefärbte Tumorzellen. Beachte die riesigen Kerne und die unterschiedliche Kernform und Größe (×104). **C E** Papanicolaou-gefärbte Tumorzellen vom gleichen Sediment (×450). **F** Biopsiepräparat. Carcinoma in situ vom großzelligen Typ. Ausgeprägte celluläre Atypie und Hyperchromasie (×415)

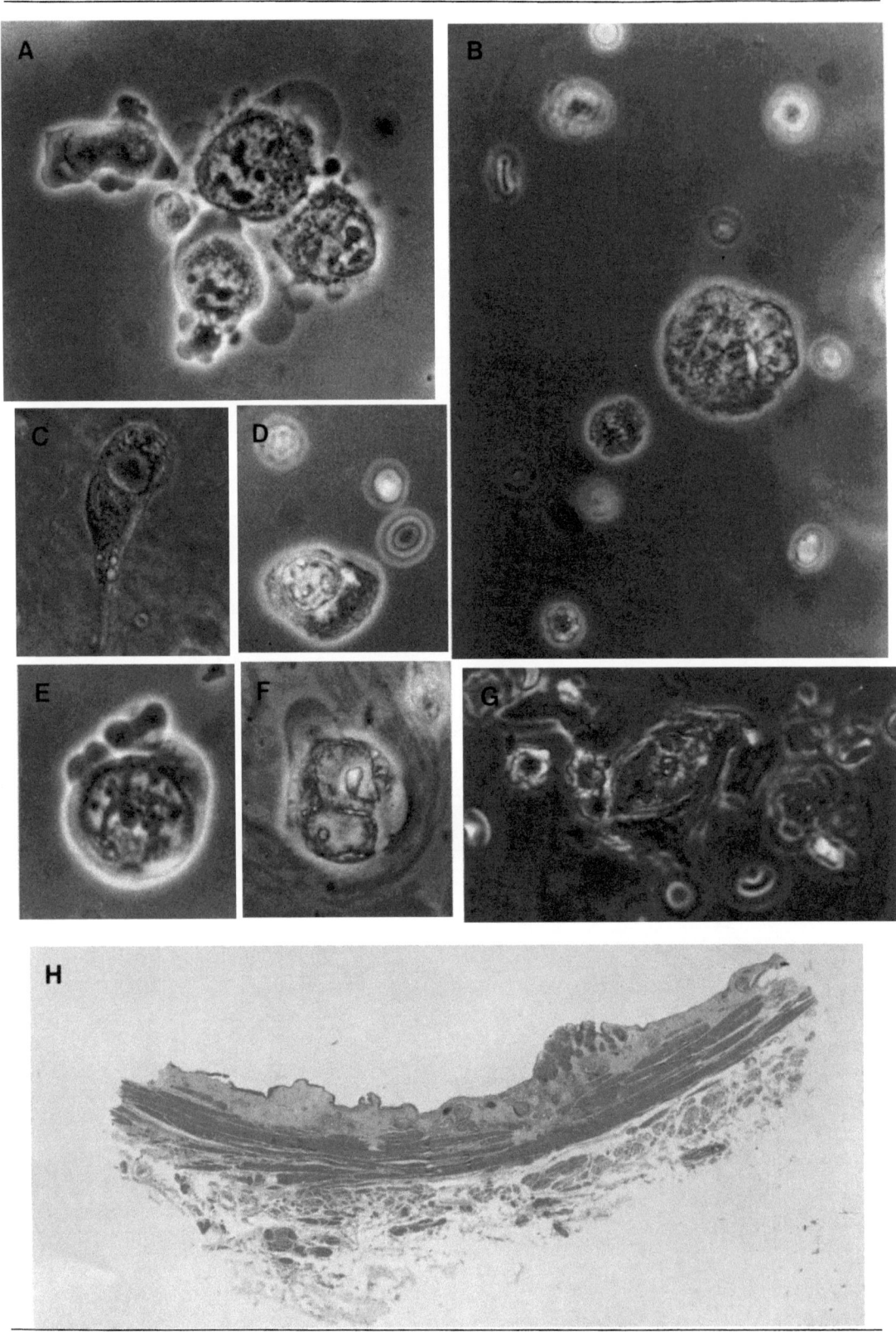

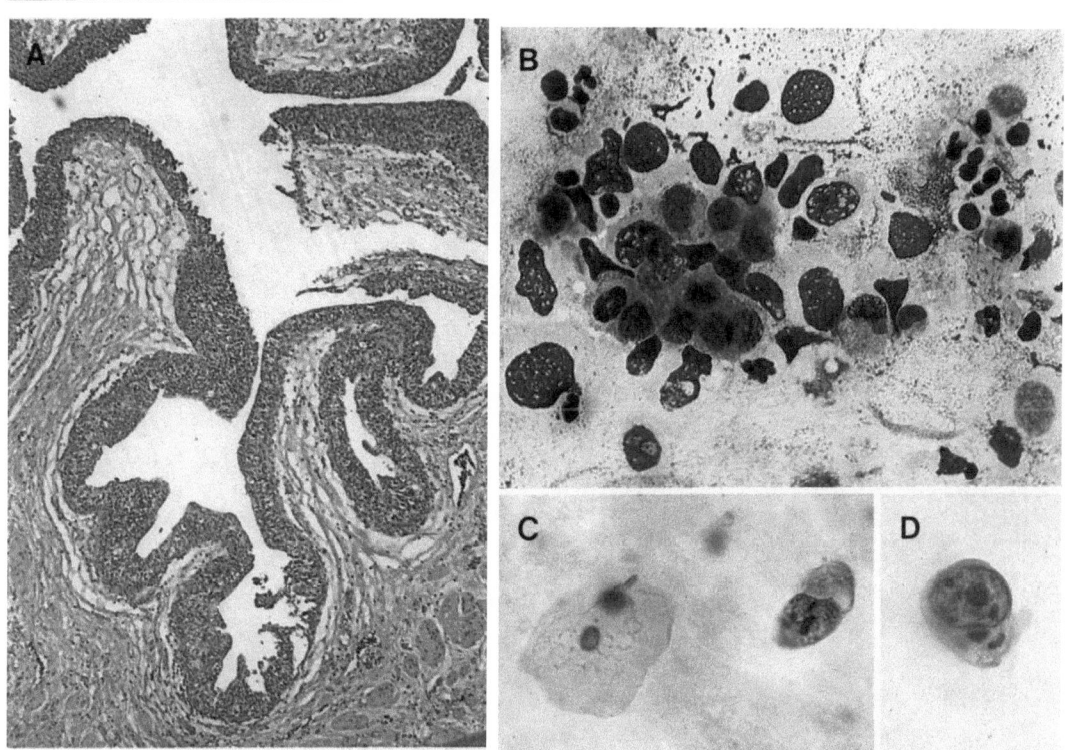

Abb. 51. Carcinoma in situ. **A** Operationspräparat vom Harnleiter 7 Jahre vor der Zystektomie. Carcinoma in situ mit infiltrativem Carcinom. **B** MGG-gefärbte Tumorzellen. Beachte die große Variation in der Kerngröße und Form sowie die Polychromasie (×410). **C** und **D** Papanicolaou-gefärbte Tumorzellen vom gleichen Sediment. Beachte die prominenten Nukleoli und die ungünstige Kern/Kernkörperchenrelation (×410)

◁ **Abb. 50.** **A–G** Maligne Zellen. Beachte die Polymorphie der Zellen und Kerne sowie die prominenten Kernkörperchen in **A**, **F** und **G** (PKM×415). **H** Zystektomiepräparat. Areale mit Carcinoma in situ, vornehmlich in Brunnschen Zellnestern. Beachte das Ödem der Lamina propria und die Erhöhung des Gebietes mit einem Carcinoma in situ im Brunnschen Zellnest (×1,29)

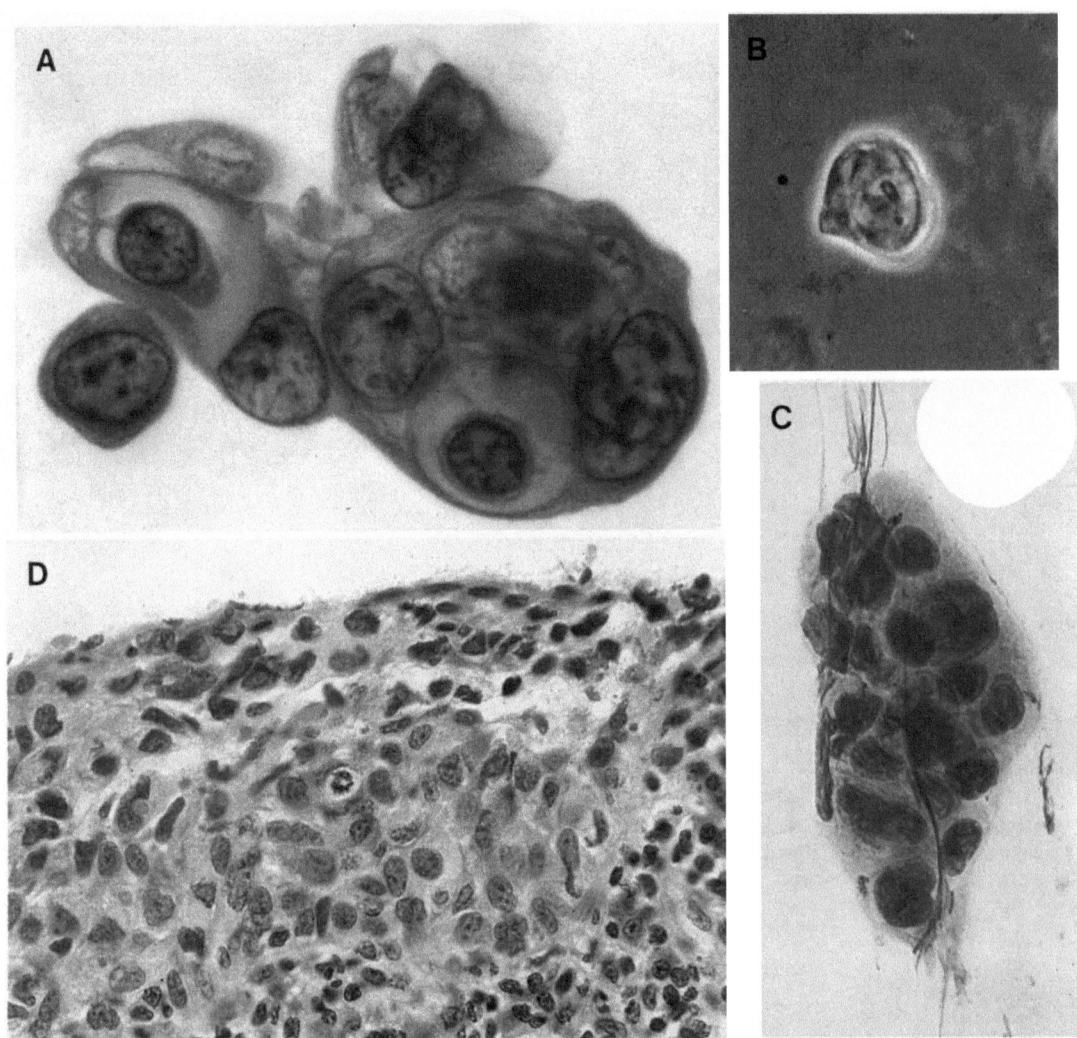

Abb. 52. A Papanicolaou-gefärbte Tumorzellen. Beachte die großen Nukleoli und die Kernaufhellung (× 1075). **B** Großer Kern und Kernkörperchen. Sehr wenig Zytoplasma (PKM × 430). **C** MGG-gefärbte Tumorzellen vom gleichen Sediment. Beachte, daß die Krebszellen in Gruppen zusammengefaßt sind mit überlappenden Kernen und ausgeprägten Varianten in Kerngröße und Form (× 430). **D** Biopsie der Vulva. Carcinoma in situ. Beachte die Mitose und ausgeprägte entzündliche Infiltration mit zahlreichen Plasmazellen im darunterliegenden Stroma. Das histologische Bild entspricht nicht einem primären Carcinoma in situ des Plattenepithels (× 430)

Abb. 53. A und **B** Biopsiepräparat der Prostata. Ausdehnung eines primären Carcinoma in situ der Harnblase ▷ in die prostatischen Gänge. **A** Kalkospherit in einem Prostatagang (× 114). **B** Carcinoma in situ vom großzelligen Typ (× 455). **C** und **D** Cysto-Prostato-Urethrektomiepräparat. Atypische Hyperplasie des Urothels. Beachte die ausgeprägte Hyperplasie mit sehr abnormen Zellen unter morphologisch normal erscheinenden (C: × 114; D: × 455)

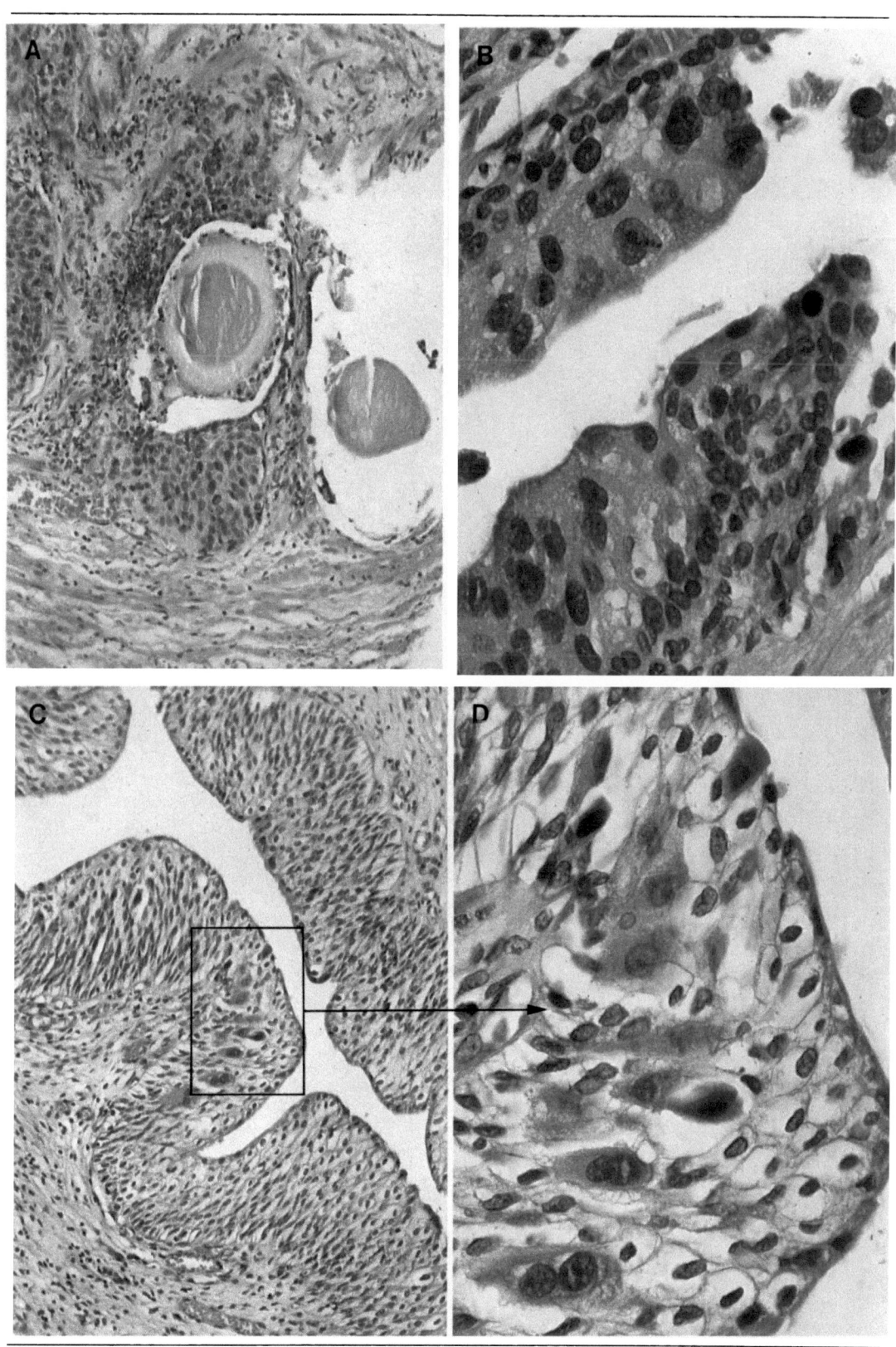

15. Plattenepithelcarcinom der Blase

Abbildungen 54 und 55. *Klinik:* 70jährige Patientin mit häufiger Miktion. Diabetes. Candida-Infekt der Blase und Karunkel der Harnröhre. In der Zystoskopie kein Hinweis auf einen Tumor. Das Urothel zeigte Veränderungen im Sinne einer chronischen Zystitis. Nach entsprechender Behandlung war die Patientin 3 Jahre beschwerdefrei, bis sich eine Inkontinenz und Blutabgang aus der Vagina einstellte. Klinisch fand sich eine Blasenscheidenfistel. Urinzytologie: Plattenepithelcarcinomzellen. Zystoskopie: Großer Blasentumor am Blasenboden mit zentraler Nekrose im Trigonalbereich. Histologie: Hochdifferenziertes Plattenepithelcarcinom vom Blasenepithel ausgehend. Es war nur eine palliative Behandlung möglich und die Patientin starb wenige Monate später

Abbildung 56. *Klinik:* Eine 69jährige Patientin klagte über Pollakisurie und Haematurie. Zytologie: Positiv im Hinblick auf Malignität. Palpabler Tumor in der Harnblase. Cystoskopie: Solider nekrotischer Tumor, der nahezu die gesamte Harnblase ausfüllte. Da der Patient bereits Lungenmetastasen hatte, wurde nur eine palliative Bestrahlung eingeleitet. Er starb 4 Monate später

Abb. 54. Tumorzellen. ▷
A Papanicolaou-gefärbte Tumorzellen mit Plattenepitheldifferenzierung. Faserartig geformte Zellen mit orangem Zytoplasma und verdämmerndem Kern ($\times 455$). **B** und **C** Papanicolaou-gefärbte Tumorzellen vom gleichen Sediment wie **A**. Beachte die abnormen Zellformen, die orange Farbe des Zytoplasmas und den reichlichen Gehalt an Zytoplasma ($\times 455$).
D Biopsie vom Blasentrigonum. Ausbildung von malignen Plattenepithelperlen ($\times 455$)

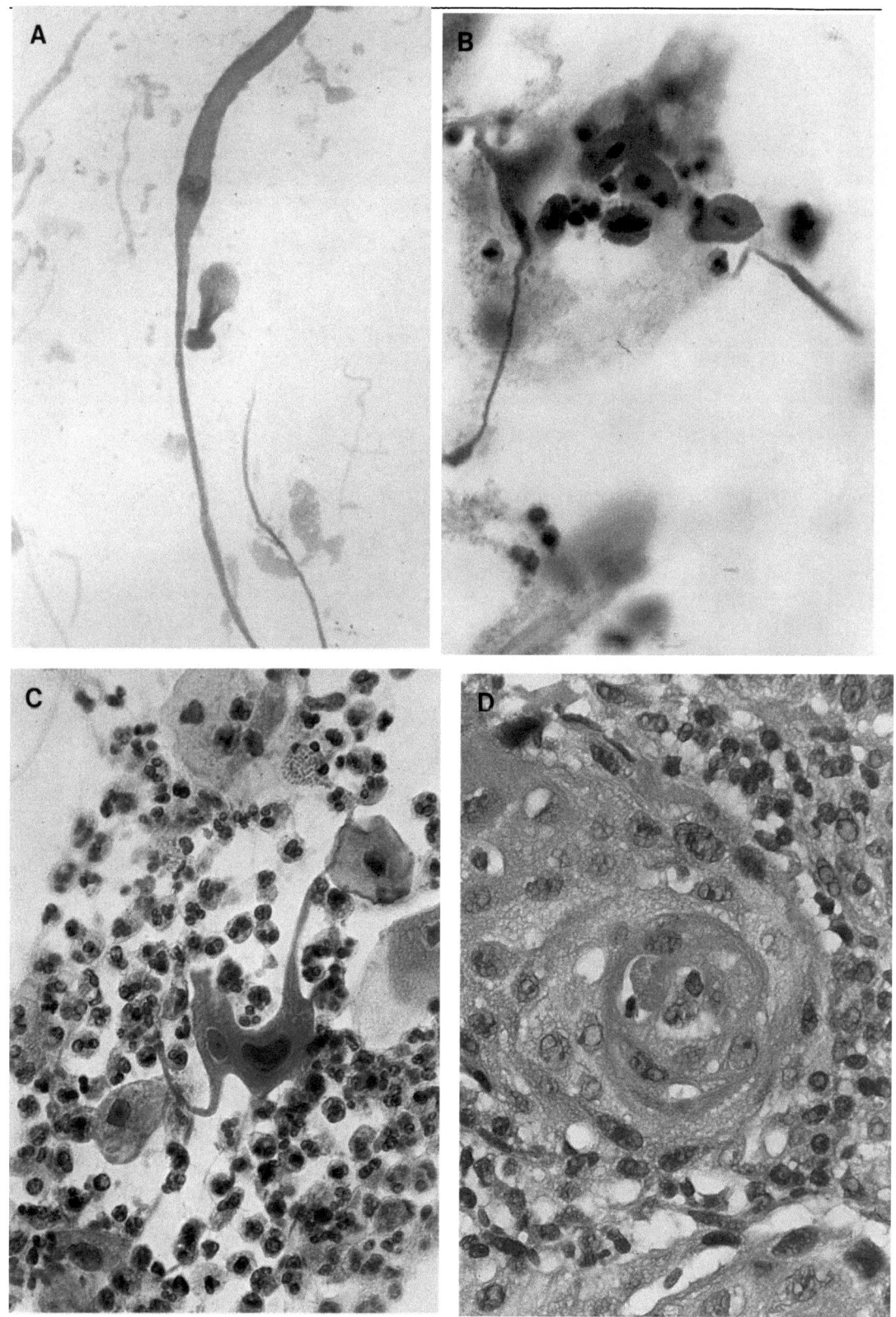

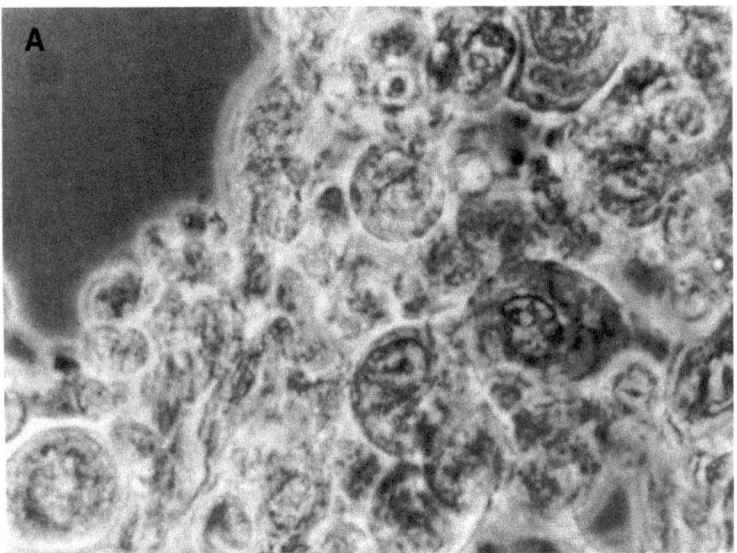

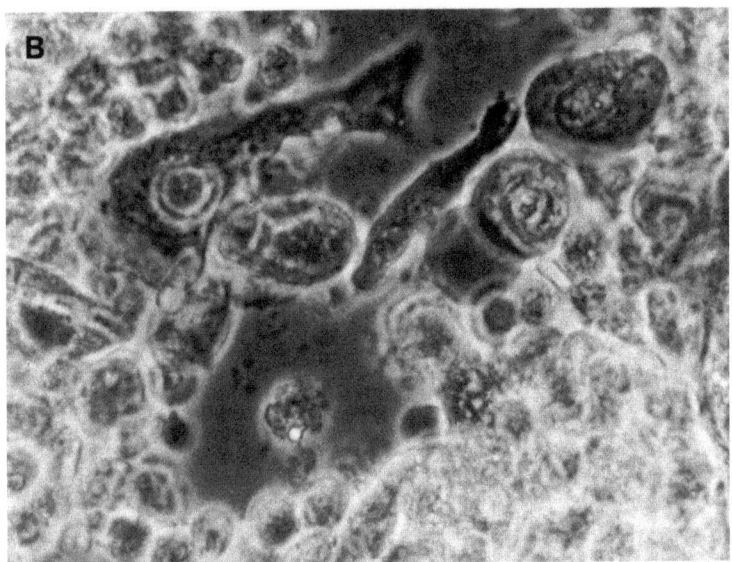

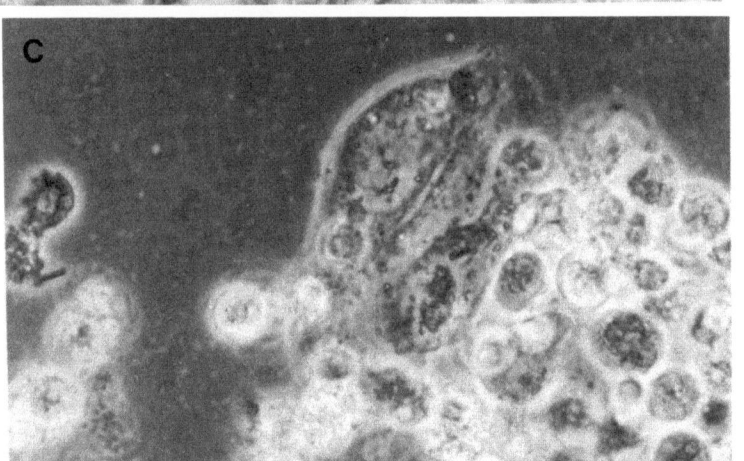

Abb. 56. A Papanicolaou-gefärbte Zellen. Beachte die Hyperchromasie des Kerns und die Plattenepithelzellen im Hintergrund.
B Blasenbiopsie. Hochdifferenziertes Plattenepithelcarcinom (× 165)

Abb. 55. 3 PKM-Abbildungen vom Urinsediment des gleichen Patienten wie in Abb. 54. Zwischen zahlreichen Leukocyten und Zelltrümmern finden sich große flache Zellen mit unregelmäßigem Zellkern. **A** und **C** sowie Zellen mit langen zytoplasmatischen Ausstülpungen **B**

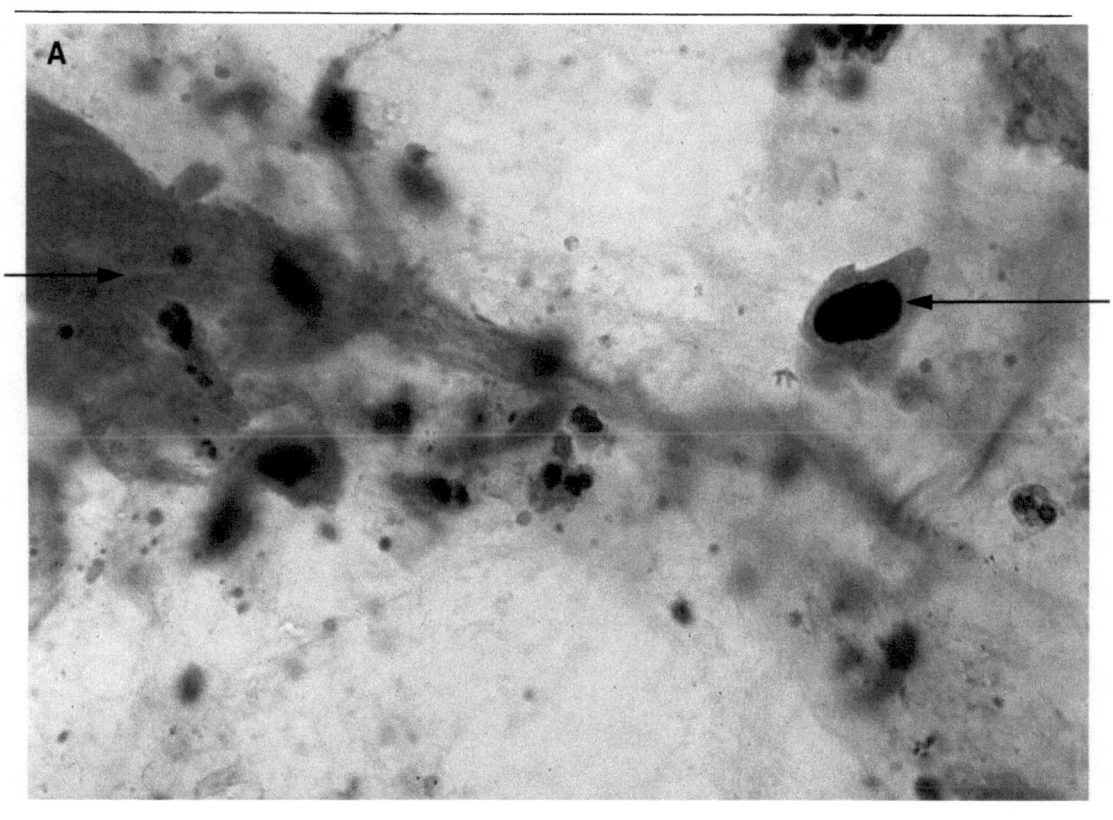

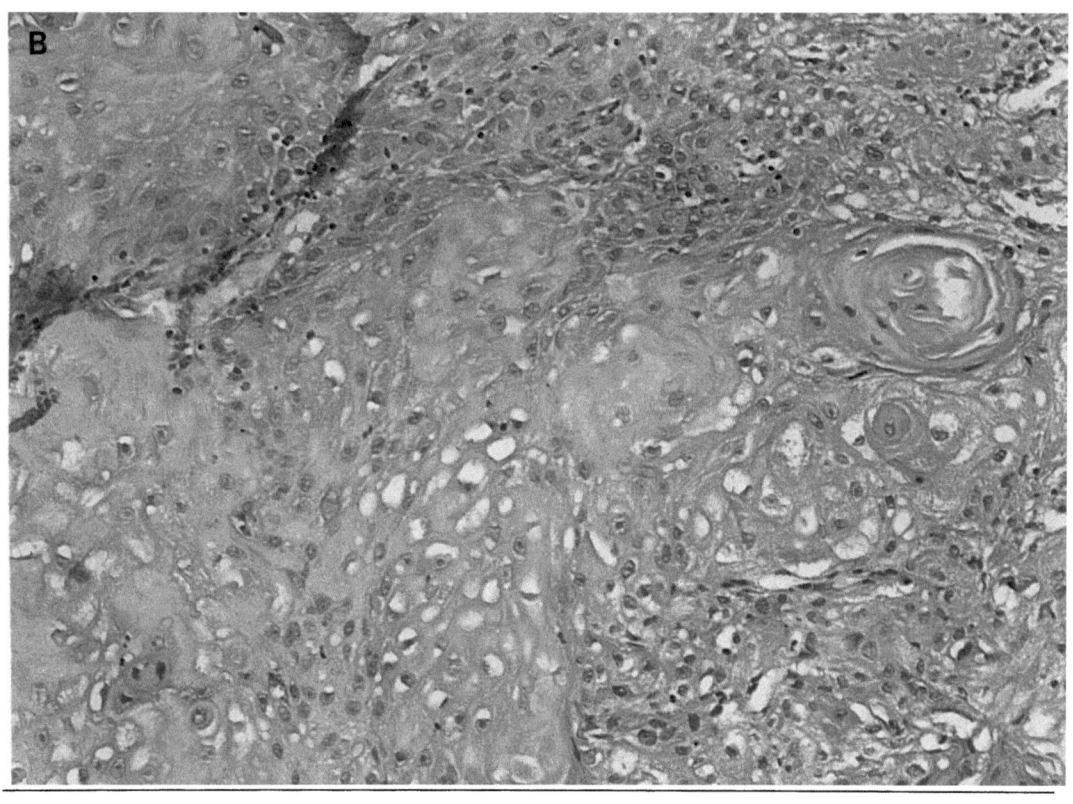

16. Adenomatöse Differenzierung

Abbildung 57. *Sekundäres Carcinoma in situ in Kombination mit Adenocarcinom der Harnblase. Klinik:* 67jähriger Mann mit Stranguric und Pollakisurie. In der Urinzytologie wurden maligne Zellen nachgewiesen. Zystoskopie: Papillomatöses Gewebe, das transurethral reseziert wurde. Histologie: Übergangszellcarcinom der Harnblase mit Arealen eines Adenocarcinoms. Da die Urinzytologie weiterhin im Hinblick auf Malignität positiv blieb, wurde eine Zystoprostatektomie vorgenommen. Im Zystektomiepräparat Divertikulose der Harnblase, weit verstreutes Carcinoma in situ, insbesondere in den Divertikeln, Areale eines Adenocarcinoms mit Infiltration der Blasenwand und Metastase des Adenocarcinoms in einem Lymphknoten

Abb. 58. *Adenocarcinom der Harnröhre mit Ausdehnung in die Blase. Klinik:* 63jährige Patientin mit Miktionsbeschwerden: zunächst Pollakisurie und später akuter Harnverhalt. Ein Katheter konnte nur gegen Widerstand eingeführt werden. Die Urethrozystoskopie zeigte ein geschwollenes und unterbrochenes Urethralepithel. Aufgrund der Biopsie wurde ein Adenocarcinom diagnostiziert und anschließend eine Zystourethrektomie durchgeführt. Der Tumor reichte bis in das Trigonum und das periurethrale Gewebe

Abbildung 59. *Adenomatöse Differenzierung innerhalb eines Übergangszellcarcinoms kombiniert mit Cystitis glandularis. Klinik:* Bei einem 67 Jahre alten Versicherungsangestellten war eine Lobektomie wegen Lungencarcinoms vorgenommen worden. 6 Jahre später rezidivierende Haematurie. Zytologie: Undifferenzierte maligne Zellen und zylindrische Carcinomzellen. Zystoskopie: Mehrere kleine papillomatöse Tumoren und ein breitflächiger Tumor. Histologie:

Urothelcarcinom mit adenomatöser Differenzierung und Arealen einer gutartigen Zystitis glandularis. Der Patient starb kurze Zeit später an den Komplikationen eines Aortenaneurysmas

Abb. 57. A ▷
Zystektomiepräparat, MPS-Färbung. Divertikel, das von einem Carcinoma in situ begrenzt wird und oberflächliches Carcinoma in situ in Gebieten mit einem Ödem des Stromas.
B und C
Papanicolaou-gefärbte Tumorzellen des gleichen Patienten ($\times 455$).
D Blasenbiopsie des gleichen Patienten. Areale mit Differenzierung zu einem Adenocarcinom. Beachte die mit Krebszellen ausgekleideten Sekretinseln ($\times 455$).
E, F und G Abnorme Urothelzellen mit Polymorphie und Vielkernigkeit. **E, F** und großer Zellkern und Kernkörperchen **G** (PKM $\times 455$)

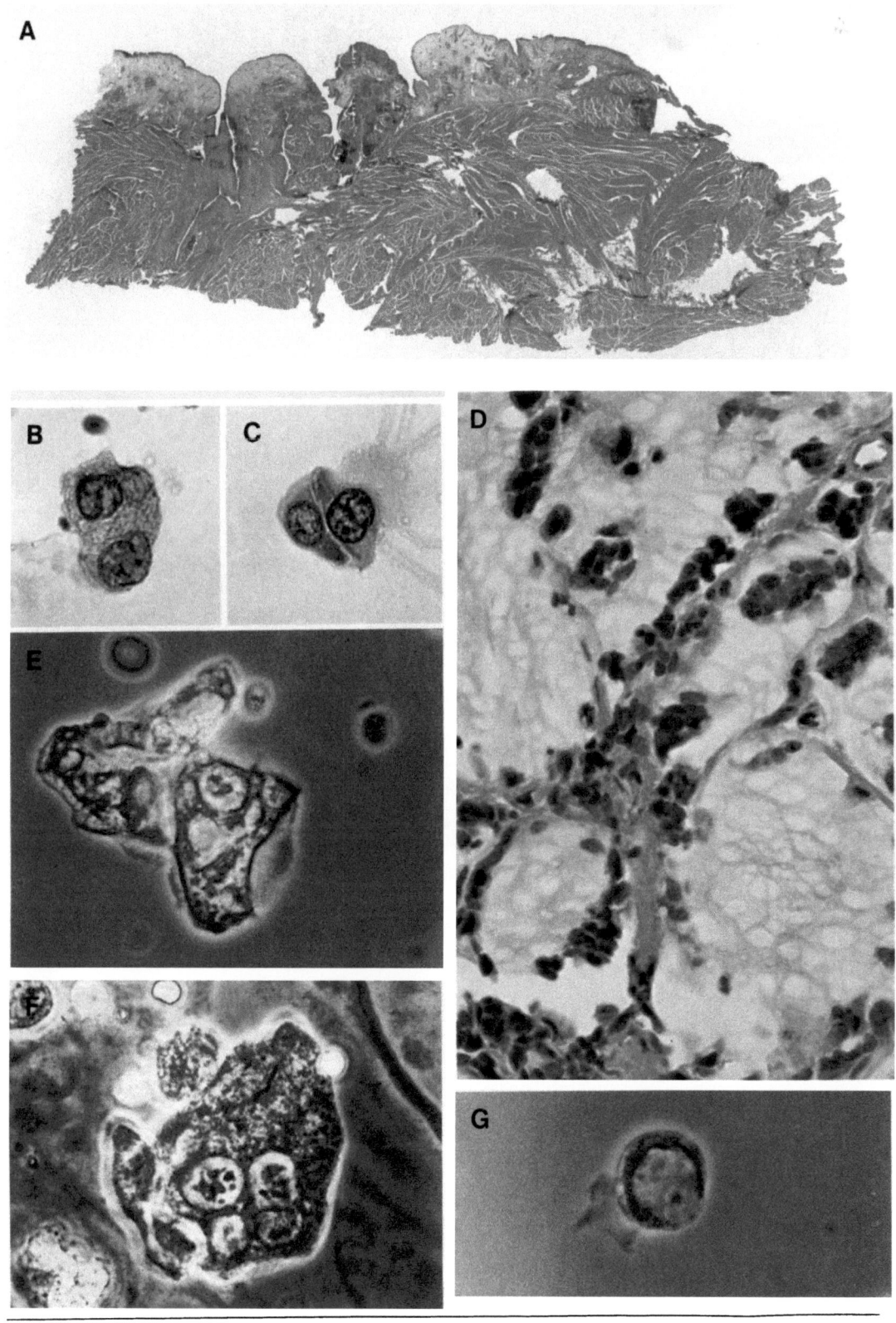

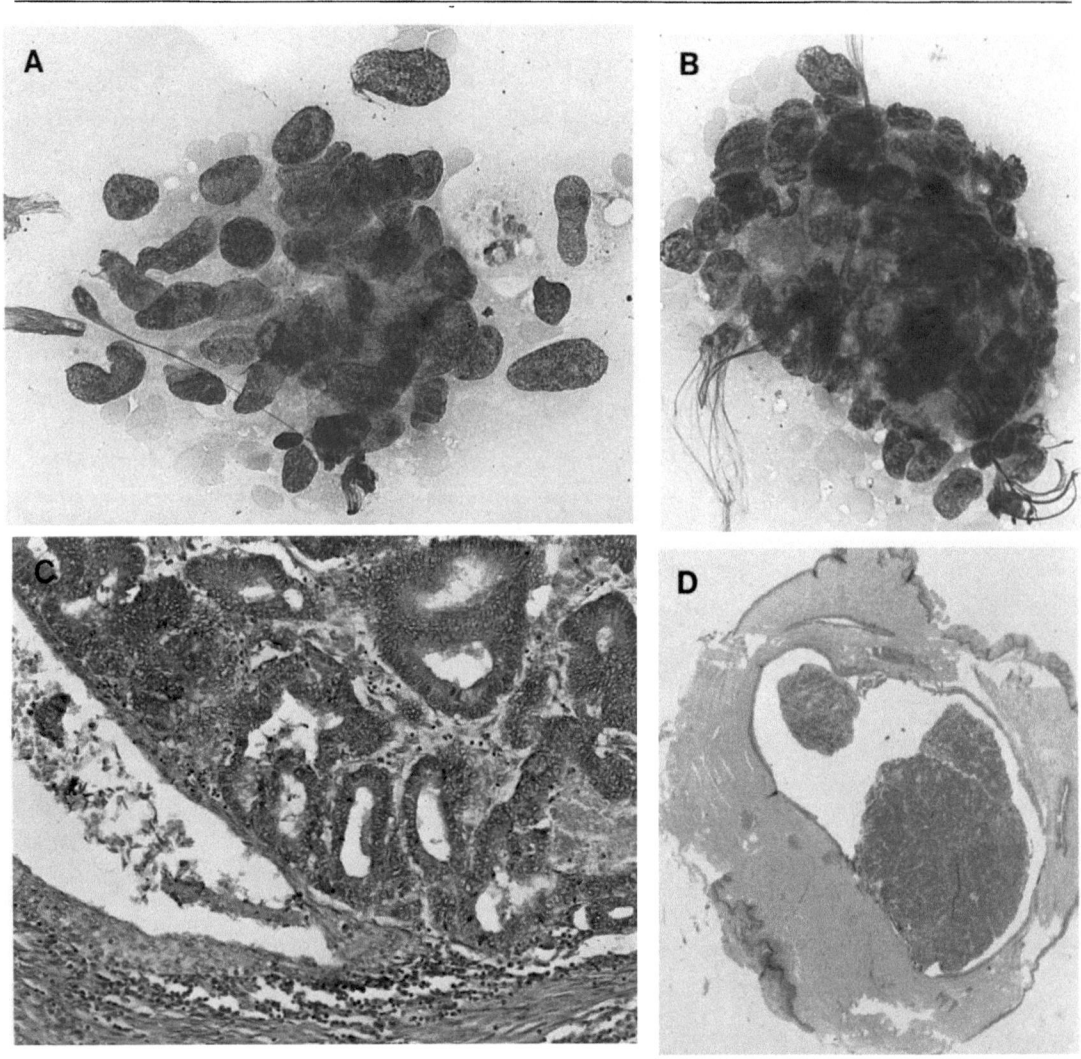

Abb. 58. A und **B** MGG-gefärbte Adenocarcinomzellen. Beachte die palisadenförmige Anordnung der gestreckten Kerne **A** und die azinöse Anordnung in Zellgruppen **B** (×415). **C** und **D** Zystourethrektomiepräparat. Das Lumen der Harnröhre ist teilweise mit Tumormassen ausgefüllt. In diesem Schnitt ist keine Infiltration der Harnröhrenwand erkennbar (C: ×125; D: ×0,83)

Abb. 59. A MGG-gefärbte gutartige glanduläre Zellen aus einem Areal mit Zylinderepithel **C** (×620). ▷
B MGG-gefärbte Carcinomzellen im gleichen Sediment (×620). **C** Blasenbiopsie. Im linken Bildanteil besteht die Blasenauskleidung aus gutartigem glandulären Epithel vom Zylinderzelltyp. Im rechten Bildteil findet sich eine adenomatöse Differenzierung des Carcinoms (×620)

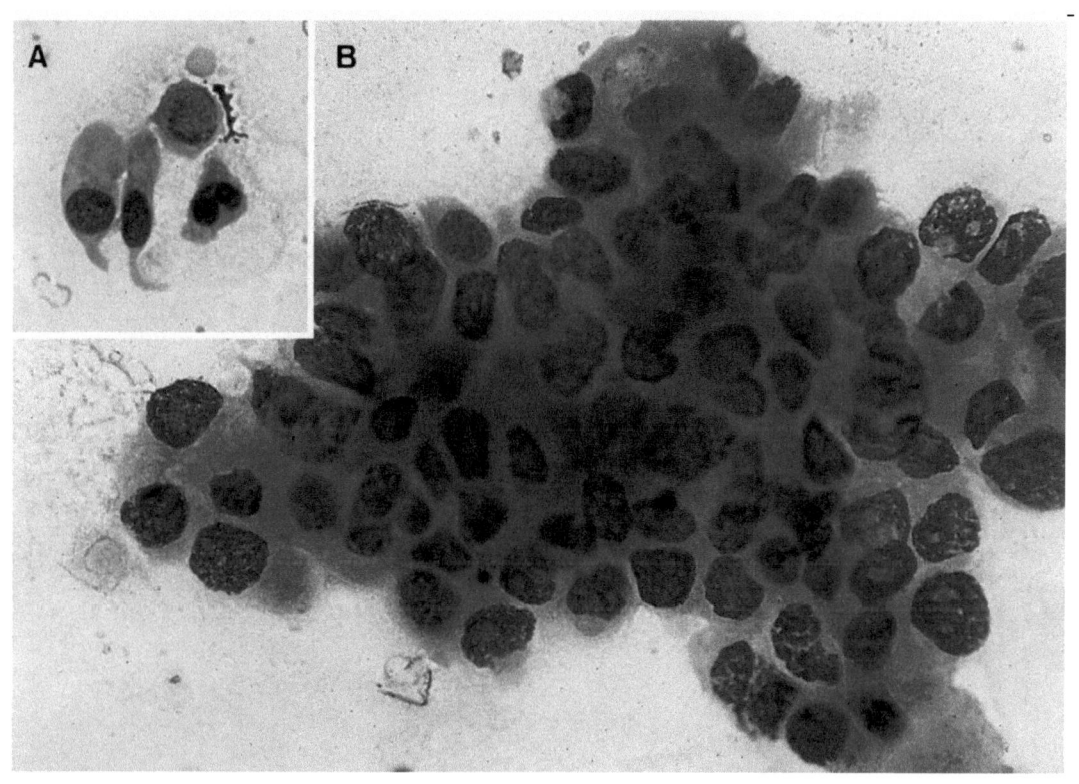
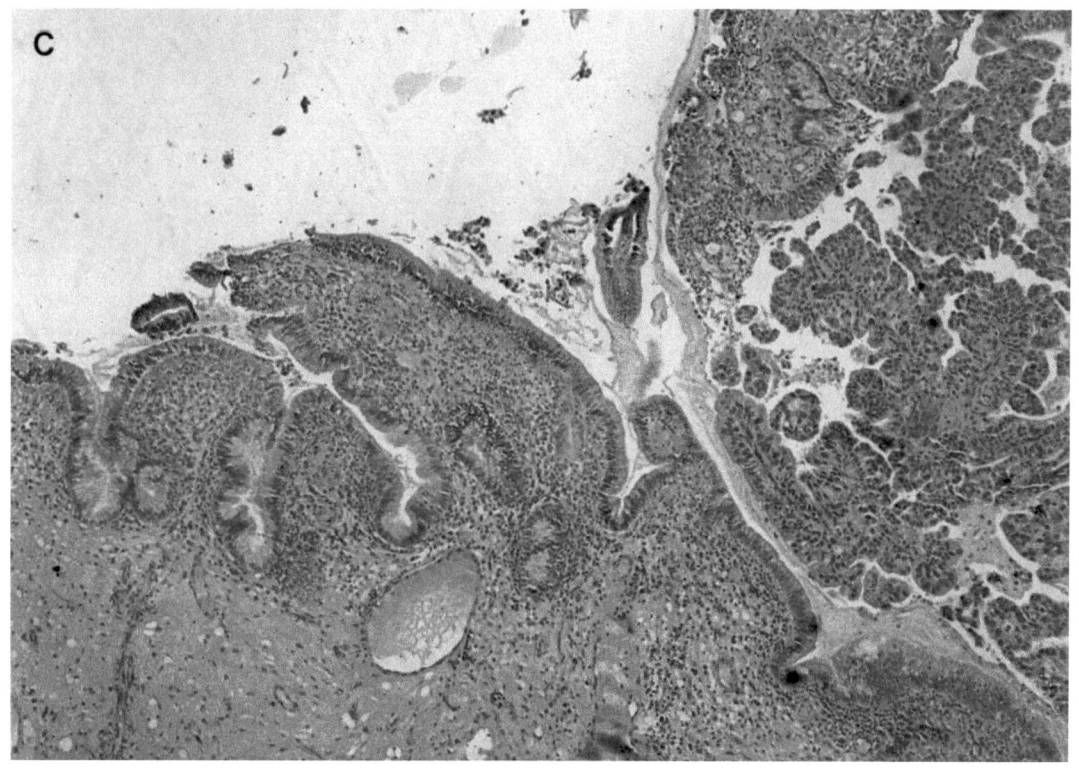

17. Adenocarcinom der Blase

Abbildung 60. *Klinik:* Bei einem 67jährigen Postboten wurde das Sigmoid wegen eines Adenocarcinoms reseziert. 2 Jahre später stellte er sich mit einer schmerzlosen Makrohaematurie vor. Zytologie: Positiv im Hinblick auf Malignität. Zystoskopie: Solider Tumor an der Hinterwand der Blase mit Nekrose und Ödem. Histologie: Schleimbildendes Adenocarcinom vom Rektum infiltrativ durch die Blase wachsend. Es wurde eine palliative Bestrahlung durchgeführt

Abb. 60. A Biopsiepräparat. Adenocarcinom, das vom Rektum (→) einwächst und Urothelauskleidung der Blase (→) (×112).
B Gruppe von malignen Adenocarcinomzellen. Beachte den großen runden Zellkern und die prominenten Kernkörperchen (PKM ×450).
D Schmale Zylinderepithelzellen im Urin (PKM ×450).
C und **E** MGG-gefärbte Adenocarcinomzellen. Beachte die palisadenförmige Anordnung der Zellkerne (×450).
F Papanicolaou-gefärbte Adenocarcinomzellen im gleichen Sediment (×450)

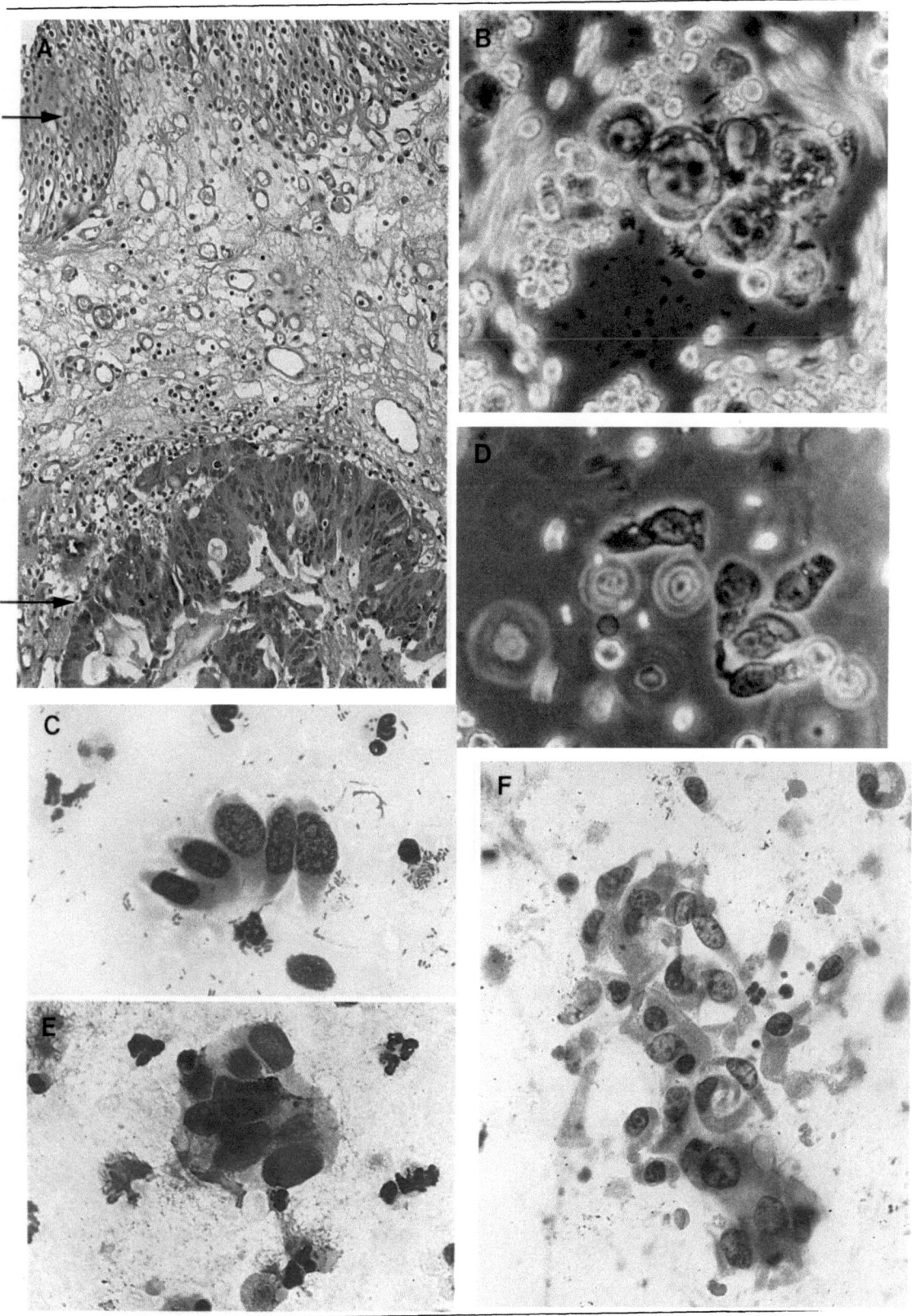

18. Adenocarcinom der Niere

Abb. 61. A MGG-gefärbte ▷
Zellen im Urin eines
Patienten mit Adenocarcinom
der Niere. Beachte die kleinen
Zellkerne und das reichliche
Zytoplasma. **B** und **C** Große
abnormale Zellen im Urin des
gleichen Patienten wie **A**. Die
Zellkerne können nicht von
zytoplasmatischen
Einschlüssen unterschieden
werden. Sie entsprechen
Histiocyten, sind jedoch
größer (PKM × 450).
D MGG-gefärbte Zellen, ein
Adenocarcinom der Niere
nachahmend. Die Zellen
fanden sich im Urin eines
Mannes mit einem
Harnverhalt von 2,8 l.
Nahezu alle Zellen in diesem
Sediment waren
multinukleär; die Zellkerne
waren rund und 2, 3, 4 und
5 × größer als normal. Kerne
enthielten prominente
Nukleoli und zur weiteren
Verwirrung des Bildes war die
Fettfärbung der Zellen stark
positiv. In 2jähriger Kontrolle
konnte kein Nierencarcinom
aufgedeckt werden, noch
enthielten die Sedimente
wieder ähnliche Zellen. Wir
nehmen daher an, daß diese
Zellen das Ergebnis der
ausgeprägten Distension der
Blase waren (× 450).
E MGG-gefärbte, eindeutig
maligne Carcinomzellen bei
einem Adenocarcinom der
Niere.
F Nephrektomiepräparat von
A. Beachte die Ähnlichkeit
der Zellen im Vergleich zu **A**
(× 225)

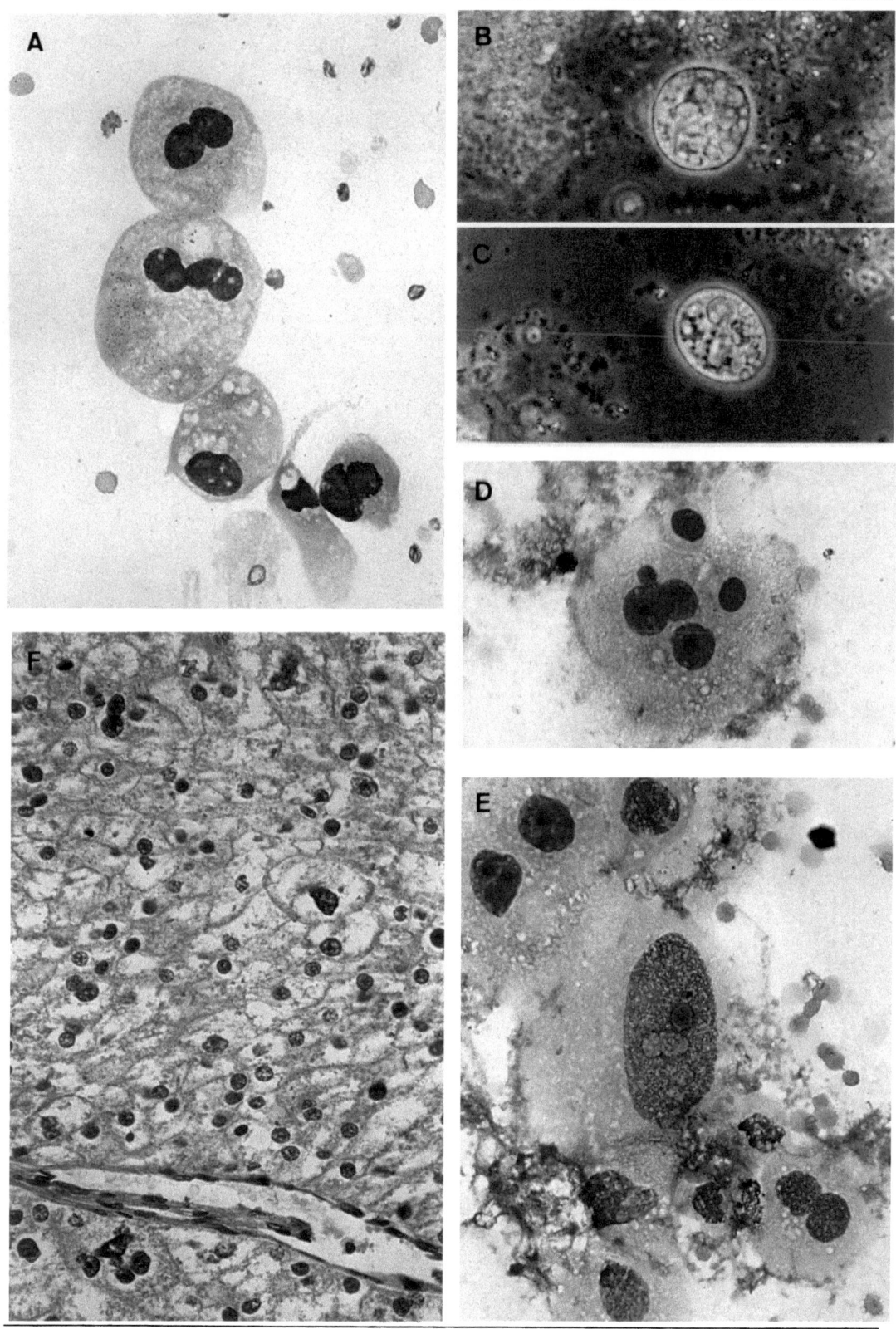

19. Blasencarcinom und Prostatacarcinom

Abbildungen 62 und 63. *Klinik:* Ein 55 Jahre alter Schmied mit rezidivierender Haematurie. Zystoskopie: Papillärer Tumor. Histologie: Grad II-Tumor und atypische Hyperplasie (Abb. 29). Mehrere Rezidive während einer 6jährigen Kontrollperiode. Thiotepa-Instillationen der Blase waren ohne Erfolg. 6 Jahre nach Beginn der Behandlung wurde sowohl ein Prostataadenocarcinom diagnostiziert (Abb. 63) als auch ein Übergangszellcarcinom der Harnblase (Abb. 62). Der Patient entwickelte Lungenmetastasen des Adenocarcinoms

Abbildung 64. *Carcinommetastasen in der Blase. Klinik:* 60jährige Patientin wurde vor 1 Jahr an einem Schilddrüsencarcinom operiert. Jetzige Beschwerden: Haematurie

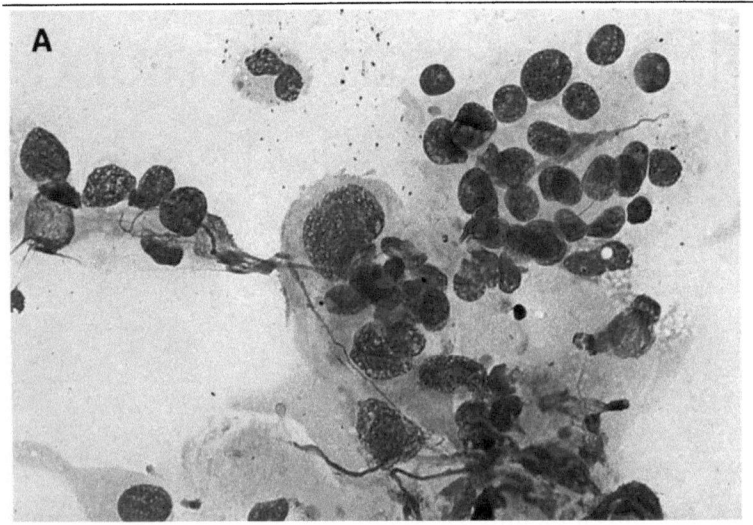
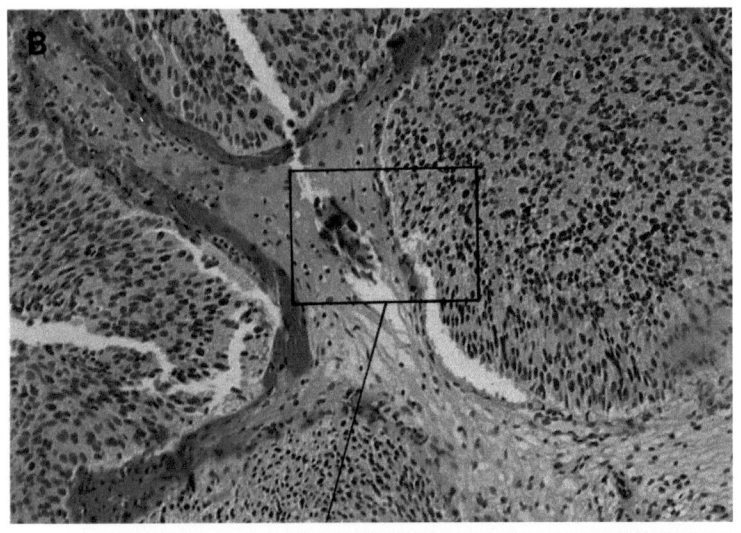
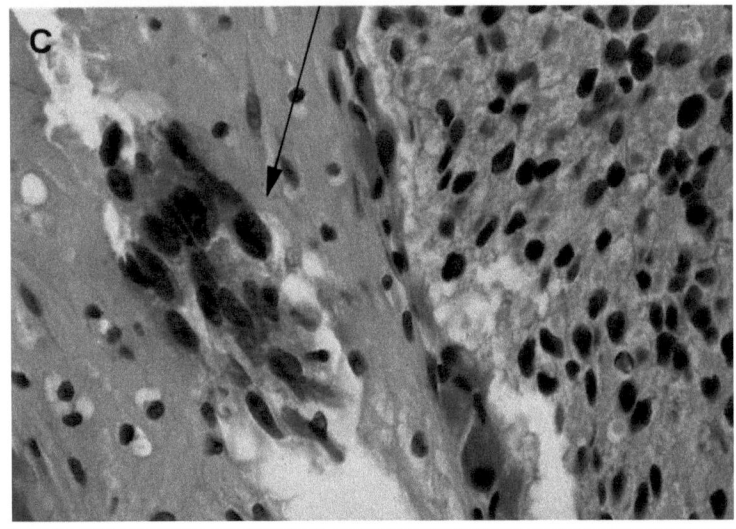

Abb. 62. A MGG-gefärbte maligne Urothelzellen (×435).
B und **C** Blasencarcinom. Blasenbiopsie: Infiltrativ wachsendes Übergangszellcarcinom (**B**: ×109; **C**: ×435)

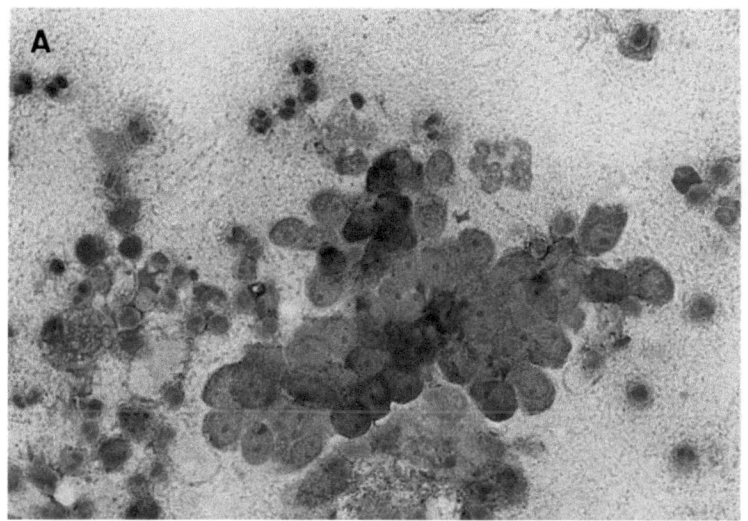

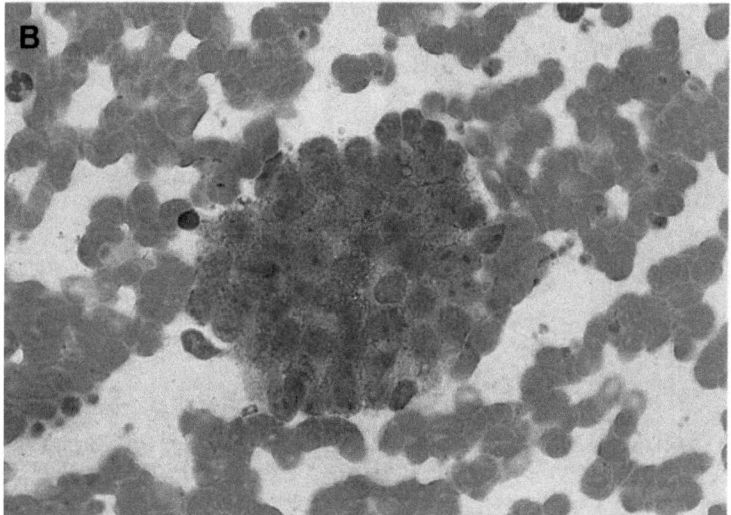

Abb. 63. A MGG-gefärbte Adenocarcinomzellen im gleichen Sediment wie Abb. 62. Die Zellen sind ausgefüllt mit runden Kernen und prominenten Kernkörperchen (×440). **B** Adenocarcinom der Prostata. MGG-gefärbte Adenocarcinomzellen in der Prostata im Material der Aspirationsbiopsie. Große Ähnlichkeit zu den Adenocarcinomzellen in **A** (×440). **C** Perineale Prostatabiopsie vom gleichen Patienten. Hochdifferenziertes Adenocarcinom

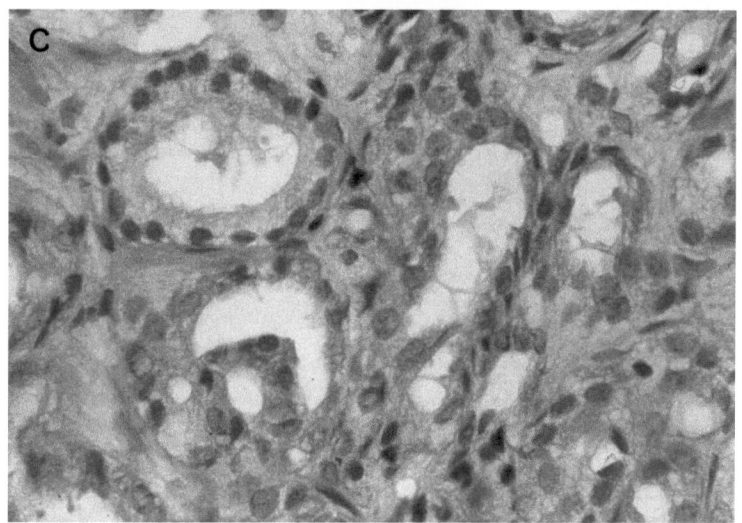

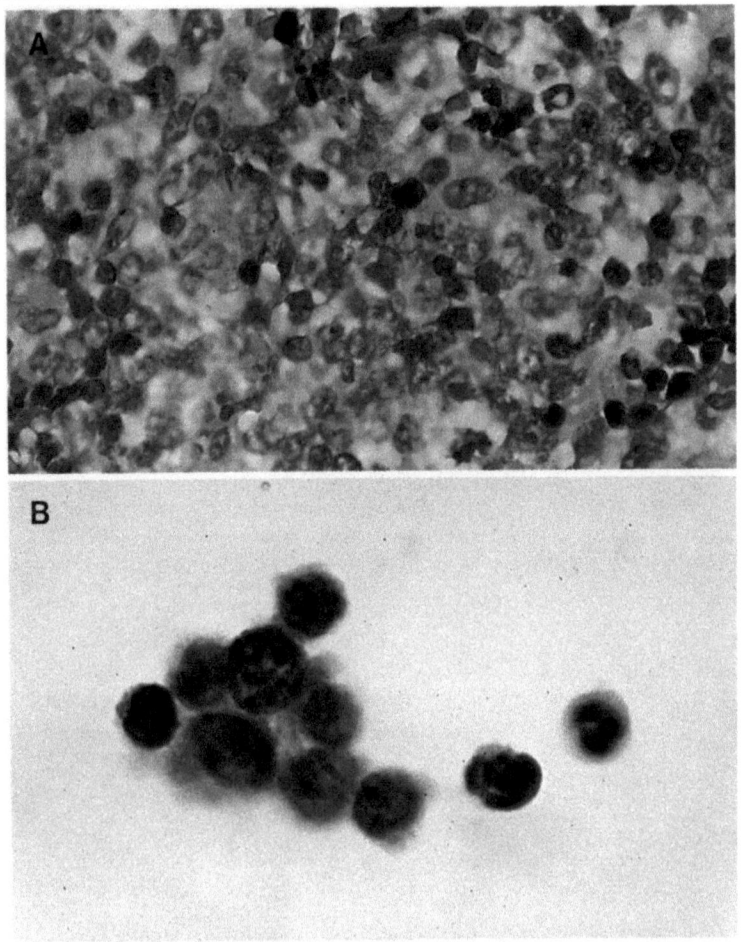

Abb. 64. A Gewebsschnitt eines Schilddrüsencarcinoms (×425). **B** Papanicolaou-gefärbte kleine Tumorzellen. Beachte die Chromatinabnormalitäten. Zellen einer Metastase vom Schilddrüsencarcinom sind ortsfremd im Urin (×425)

20. Glanduläre Cystitis mit Plattenepithelmetaplasie

Abbildungen 65. *Klinik:* 41jähriger Patient, bei dem ein Blasenstein entfernt worden war und 5 Jahre später eine linksseitige Nephrektomie bei Ausgußstein erfolgte. 5 Jahre nach der Nephrektomie hat er die Zeichen einer Zystitis. Urinzytologie: Zahlreiche Platten- und Zylinderepithelzellen. Zystoskopie: Weiße Areale im Trigonum. Histologie: Plattenepithelmetaplasie (Leukoplakie) und Zystitis glandularis

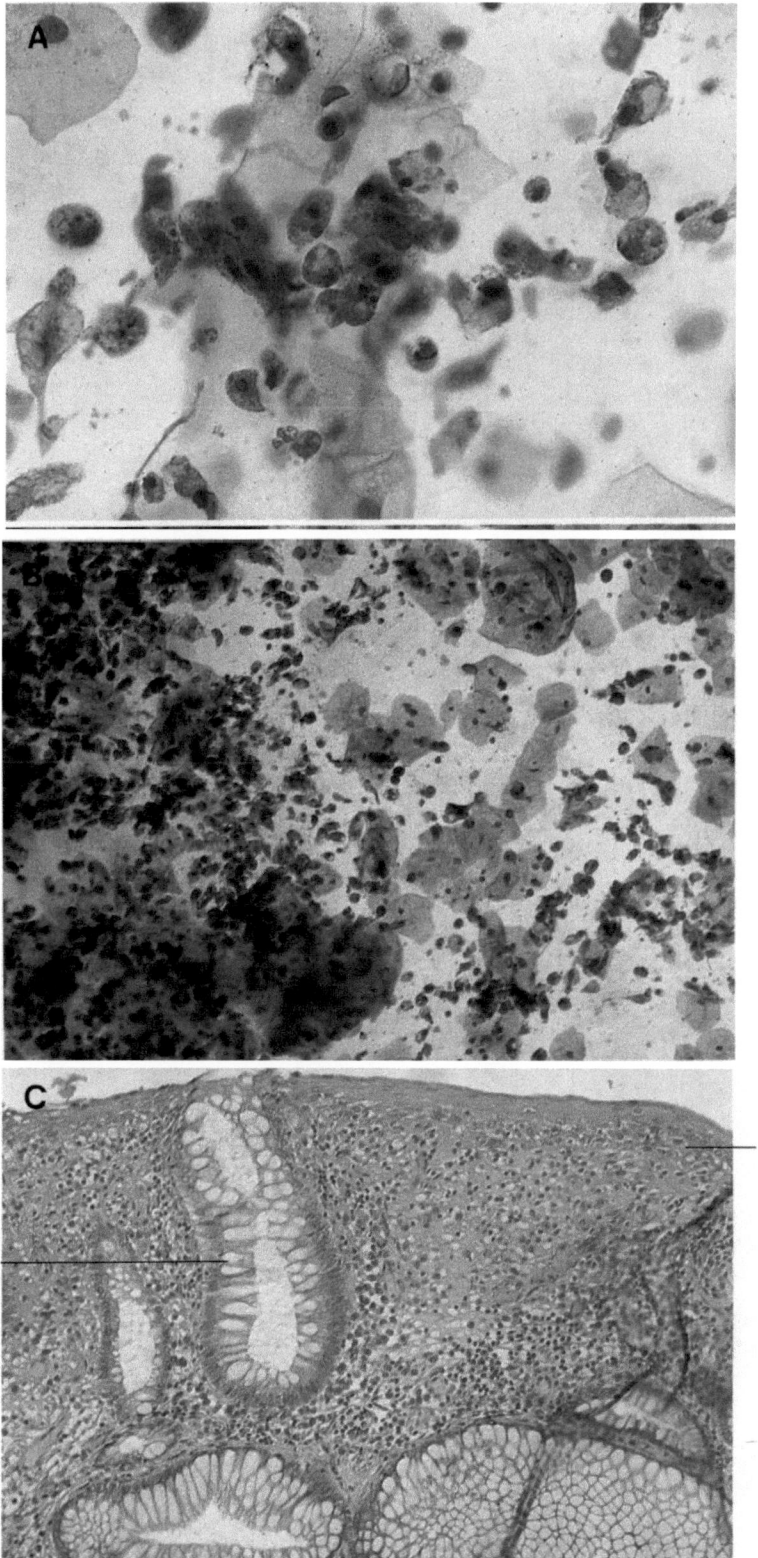

Abb. 65. Platten- und Zylinderepithelmetaplasie.
A Papanicolaou-gefärbte gutartige schleimproduzierende Zylinderzellen (×435).
B Papanicolaou-gefärbte Plattenepithel- und Zylinderepithelzellen. Beachte den Zellreichtum des Präparats (×108).
C Blasenbiopsie. Zystitis glandularis (links) und Plattenepithelmetaplasie (rechts) (×108)

21. Bestrahlungseffekte

Abbildung 66. *Klinik:* Bei einer 55jährigen Patientin wurde die Bestrahlung eines Adenocarcinoms der Eileiter durchgeführt. Sie entwickelte eine radiogene Zystitis

Abbildung 67. *Bestrahlungseffekt auf maligne Zellen. Klinik:* Ein 47 Jahre alter Patient mit einem T_2NoMo-Blasentumor wurde mit interstitieller Radium-Implantation behandelt. 2 Jahre später klagte er über Schmerzen in der linken Leiste und vermehrten Harndrang. Zystoskopisch fanden sich teleangiektatische Veränderungen in der Blase und ein Tumorrezidiv im Bereich des linken Harnleiterostiums. Eine radikale operative Therapie war aufgrund der kardialen Situation nicht möglich. Der Patient starb 2 Monate später.

Abbildung 68. *Klinik:* Ein 59 Jahre alter Ingenieur stellte sich mit Haematurie vor. Bei der Zystoskopie erkannte man einen breitbasigen papillären Tumor. Histologie: Infiltratives Blasencarcinom. Therapie mit interstitiellen Radiumnadeln. Kontrollzytologie: Positiv; 1 Jahr später wurde ein Rezidiv endoskopisch nachgewiesen. Die Biopsie ergab erneut ein infiltratives Urothelcarcinom, und eine Zystektomie wurde durchgeführt

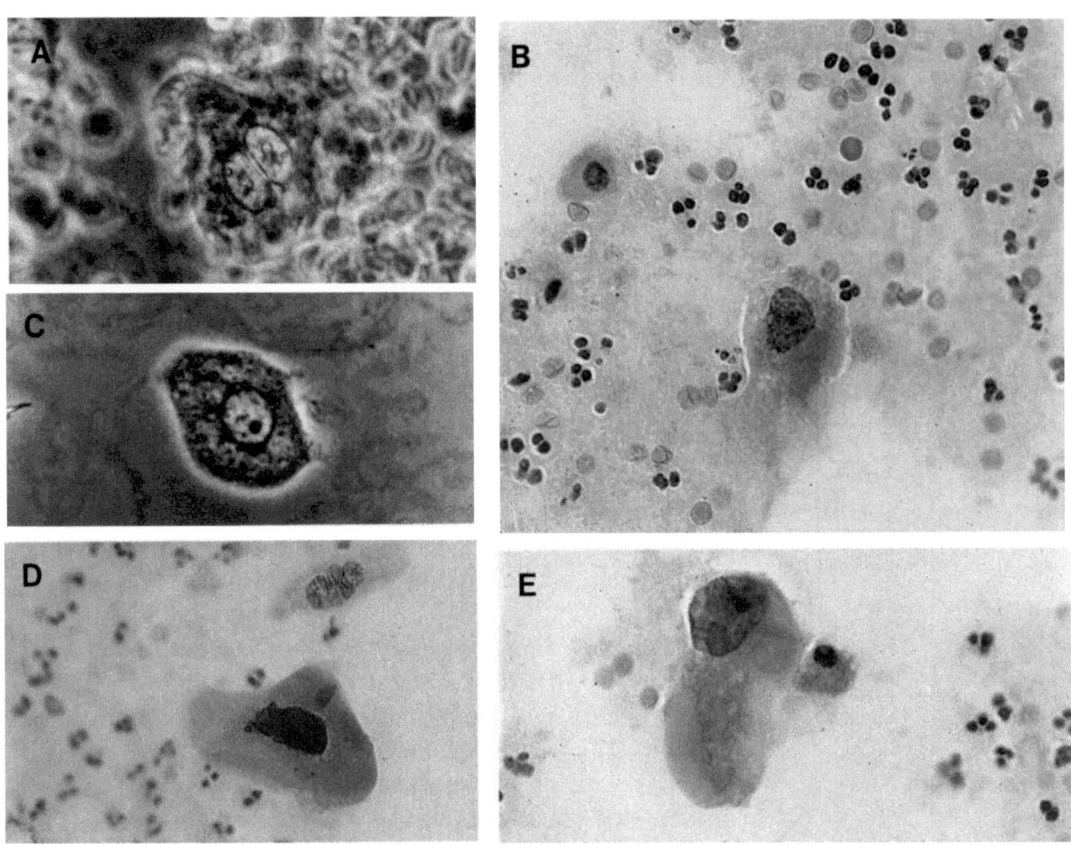

Abb. 66. A Gutartige Urothelzellen mit vergrößerten Kernen (PKM × 400). Bestrahlungseffekt auf gutartige Zellen B, E und D. Papanicolaou-gefärbte Zellen mit mehrfarbigem Zytoplasma und stark vergrößerten degenerativen hyperchromatischen Kernen. Kern-Zytoplasmarelation ist nicht ungünstig (× 400). (Zur Verfügung gestellt von Dr. G.P.J. Beyer, Rotkreuzkrankenhaus, de Haag, Holland)

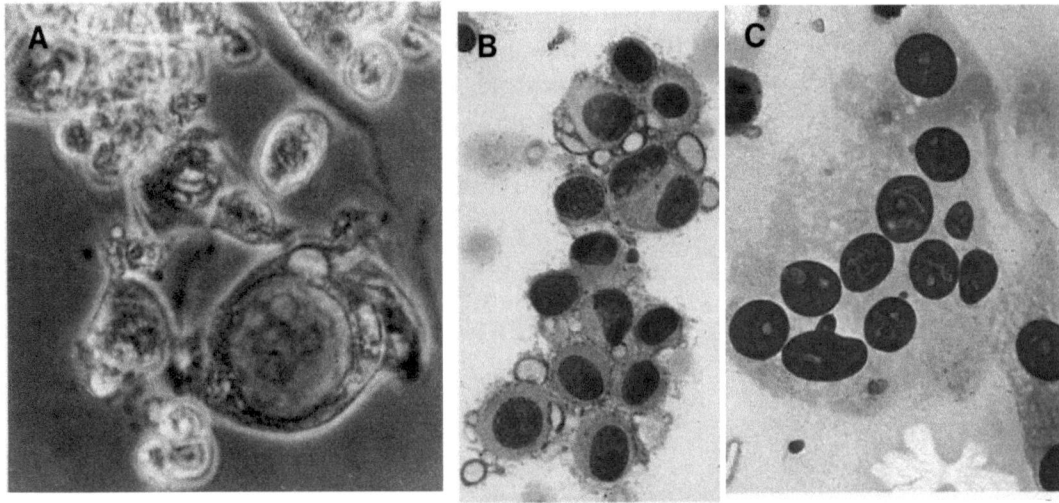

Abb. 68. A MGG-gefärbte maligne Urothelzellen vor einer Bestrahlung (×425).
B–D Vergrößerte Zellen mit abnormen Kernen (verdichtete Kernmembran und Nukleolen) (PKM ×425). Bestrahlte maligne Zellen.
E MGG-gefärbte vielkernige maligne Zellen mit riesigen Kernen. Vergleiche die Größe der Kerne in diesen bestrahlten Zellen mit **A** (×425).
F Papanicolaou-gefärbte maligne Zellen mit Bestrahlungseffekt, gleiches Sediment wie **E** (×425)

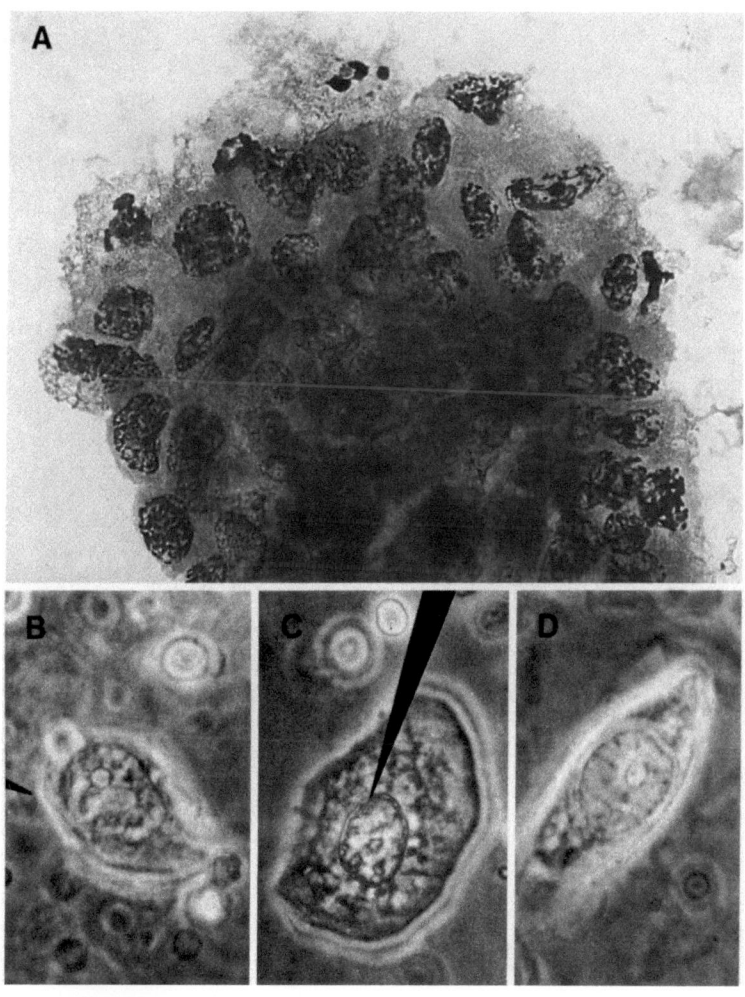

◁ **Abb. 67. A** Vergrößerte Zellen mit sehr großem runden Kern und veränderter Kern-Zytoplasmarelation aufgrund der Bestrahlung (PKM ×425).
B MGG-gefärbte hochdifferenzierte Carcinomzellen aus dem Urin vor der Bestrahlung (×405).
C MGG-gefärbte Zellen mit vakuolisiertem Zytoplasma, Vielkernigkeit. Die Entscheidung zwischen malignen Zellen oder malignen Urothelzellen nach Bestrahlung ist extrem schwierig (×425)

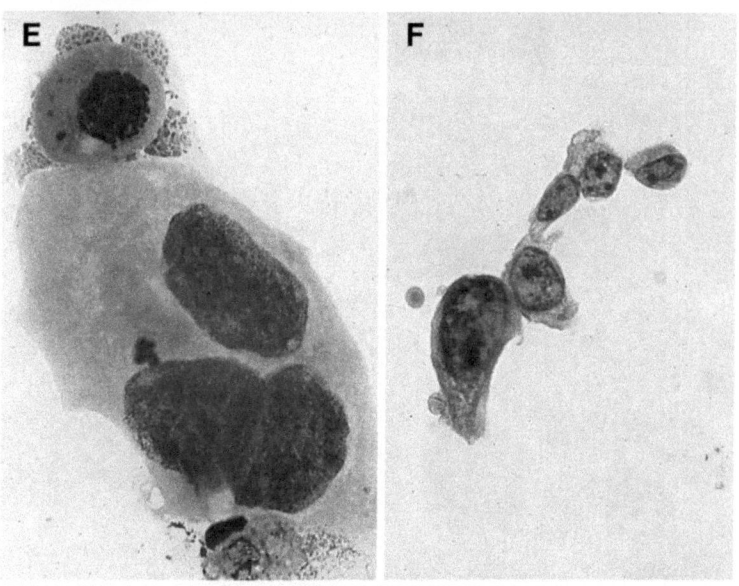

22. Cytostatikaeffekte an Urothelzellen

Abbildung 69. *Klinik:* 2 Jahre nach einer Prostataadenektomie klagte ein 76 Jahre alter Lehrer über Dysurie und Pollakisurie. Bei der Zystoskopie rotes, samtartiges Urothel. Zytologie positiv im Hinblick auf Malignität. Multiple Biopsien: Carcinoma in situ. Aufgrund des Alters wurde eine Behandlung mit Thiotepa begonnen

Abbildung 71. *Klinik:* 57 Jahre alter Patient wurde über 4 Jahre mit Endoxan aufgrund eines Morbus Kahler behandelt. Bei Abklärung einer Haematurie wurden zystoskopisch rote, samtartige Areale in der Blase beobachtet. Die Biopsie ergab ein denudiertes ödematöses Stroma. Der Patient starb 3 Monate später. Eine Autopsie wurde nicht durchgeführt

Abbildung 72. *Klinik:* Ein Lungentumor wurde bei einem 60jährigen Patienten über mehrere Jahre mit Endoxan behandelt. Bei Auftreten einer Makrohaematurie wurde die Endoxangabe nicht mehr fortgesetzt. Die urologische Untersuchung ergab einen papillären Tumor der Harnblase, der transurethral behandelt wurde

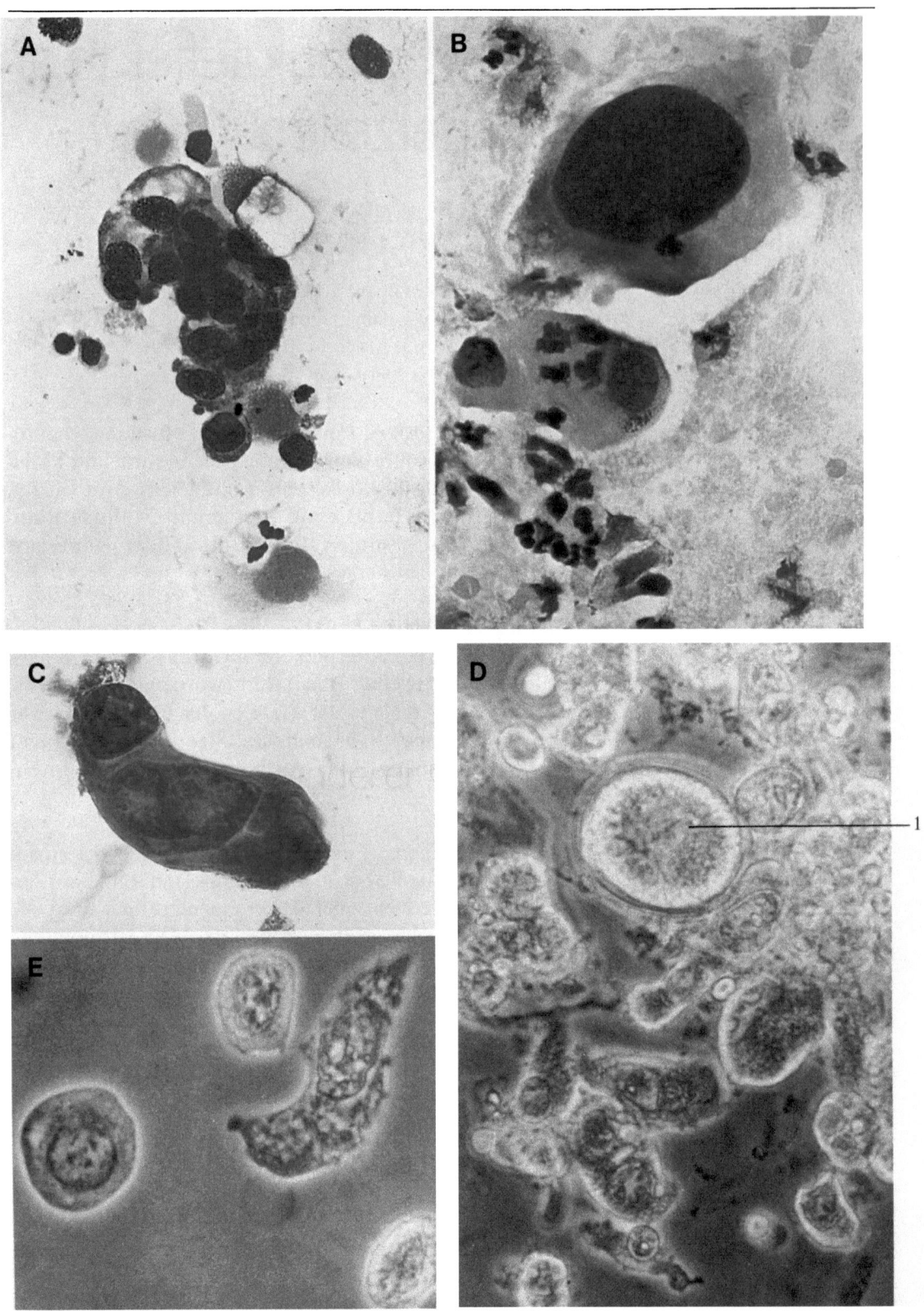

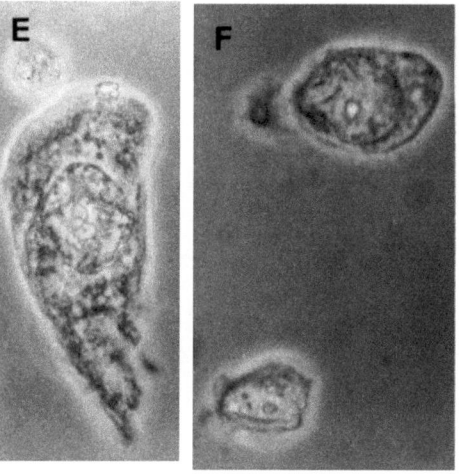

Abb. 69. A MGG-gefärbte maligne Urothelzellen vor Thiotepa-Behandlung (×465). Medikamentös induzierte Zellveränderungen in malignen Zellen.
B MGG-gefärbte maligne Zellen nach Thiotepa-Behandlung. Beachte den riesigen Kern (×465).
C Papanicolaou-gefärbte maligne Zellen im gleichen Sediment. Beachte die Vielkernigkeit, die riesigen Zellkerne und die Veränderungen in der Zytoplasmafärbung (×465).
D Zahlreiche große Zellen mit großen Kernen und *1* ein sehr großer Zellkern (PKM ×465). **E** Einige sehr große Urothelzellen mit großen Kernen und mehreren Kernkörperchen (PKM ×465)

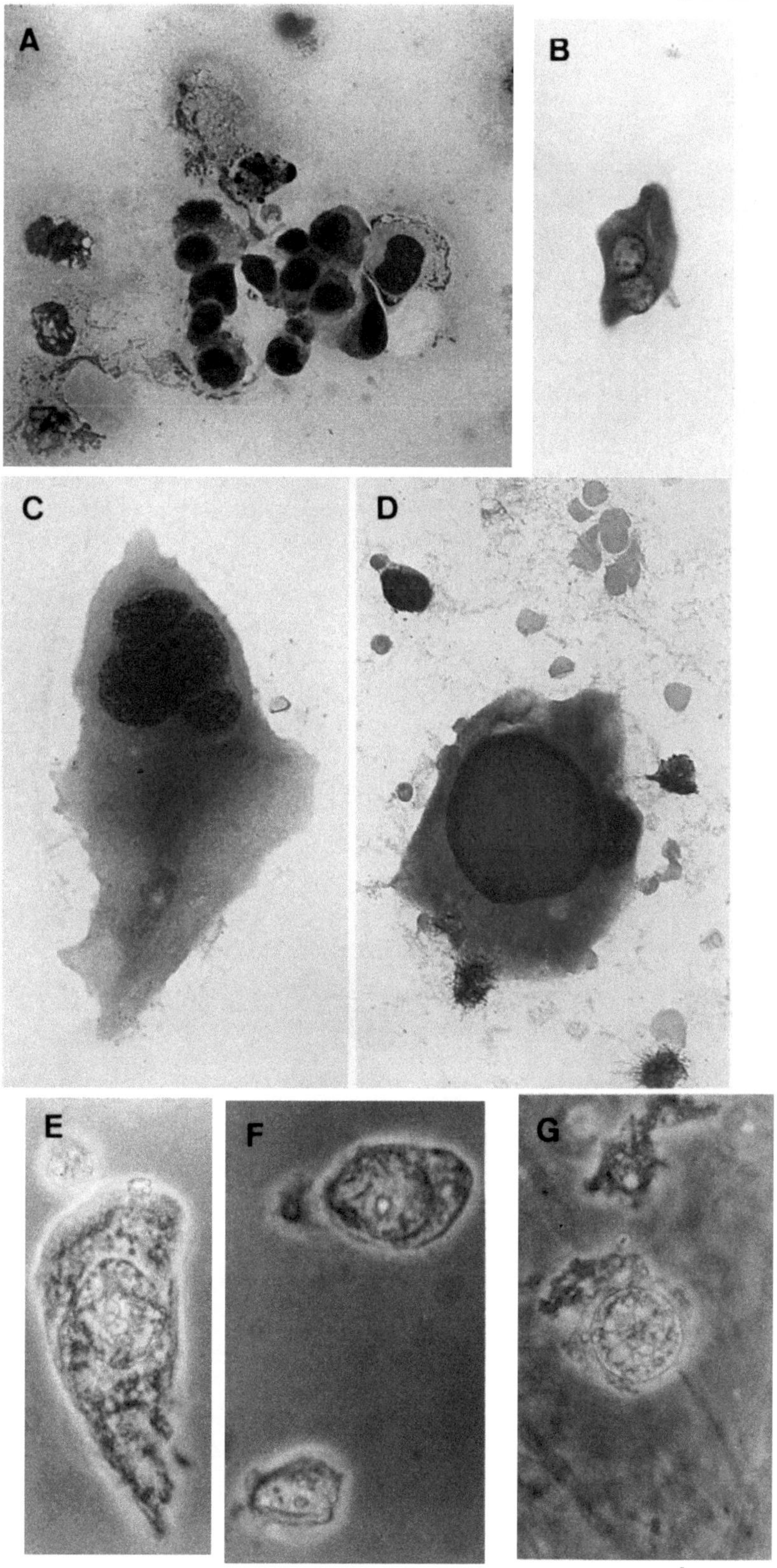

Abb. 70. A MGG-gefärbte maligne Urothelzellen vor Thiotepa-Behandlung (×410).
B Papanicolaou-gefärbte Zellen nach Thiotepa-Behandlung. Beachte die Doppelkernigkeit und das dichte granulierte Zytoplasma (×410).
C und **D** MGG-gefärbte maligne Urothelzellen nach Thiotepa-Behandlung. Vergleiche die Kerngröße mit **A**. Beachte die Färbung des Zytoplasmas in **C** (×410).
E–G Beispiele von vergrößerten und bizarr geformten urothelialen Zellen und stark vergrößerten Kernkörperchen (PKM ×410)

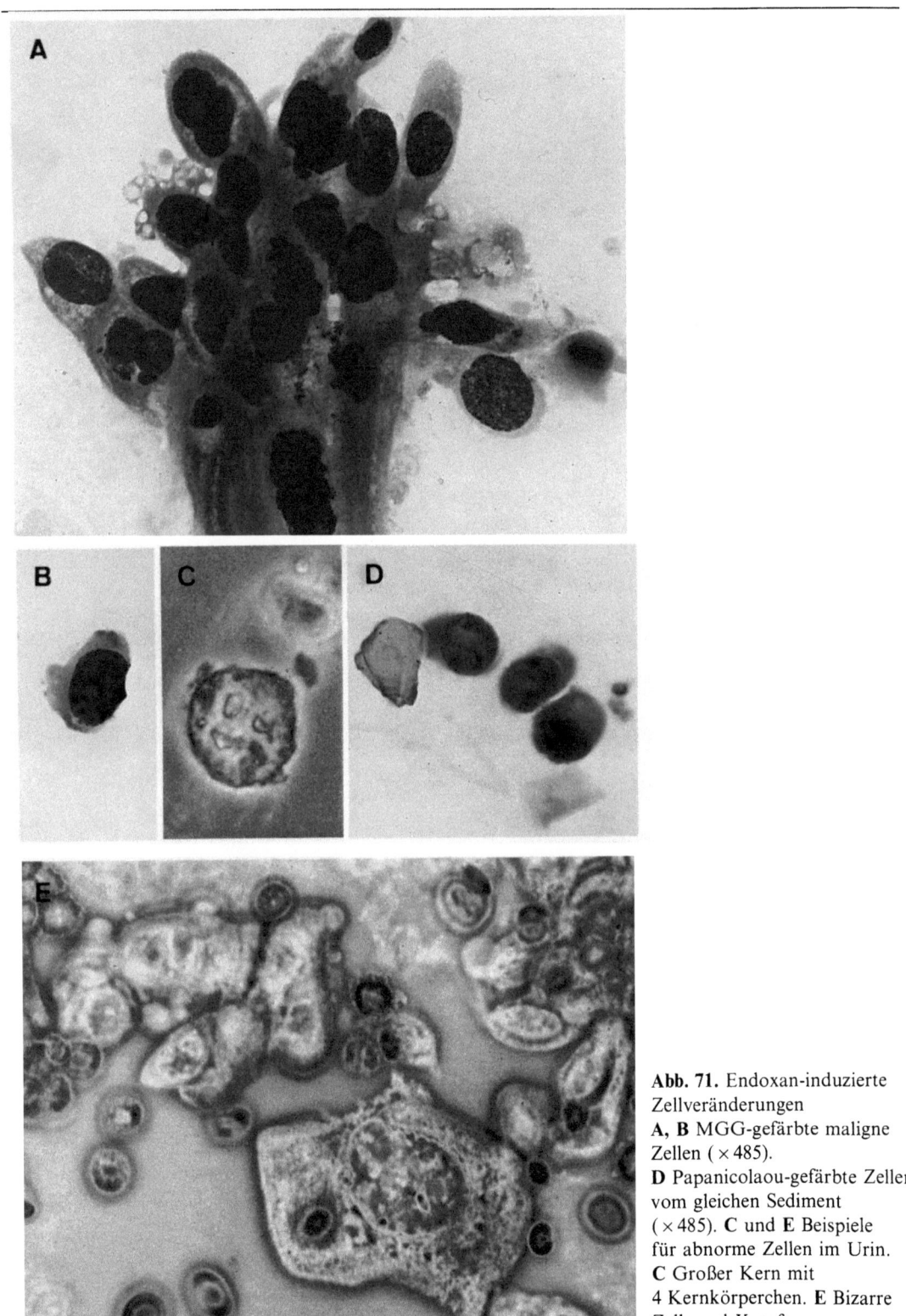

Abb. 71. Endoxan-induzierte Zellveränderungen
A, B MGG-gefärbte maligne Zellen (×485).
D Papanicolaou-gefärbte Zellen vom gleichen Sediment (×485). **C** und **E** Beispiele für abnorme Zellen im Urin. **C** Großer Kern mit 4 Kernkörperchen. **E** Bizarre Zell- und Kernform (PKM ×485)

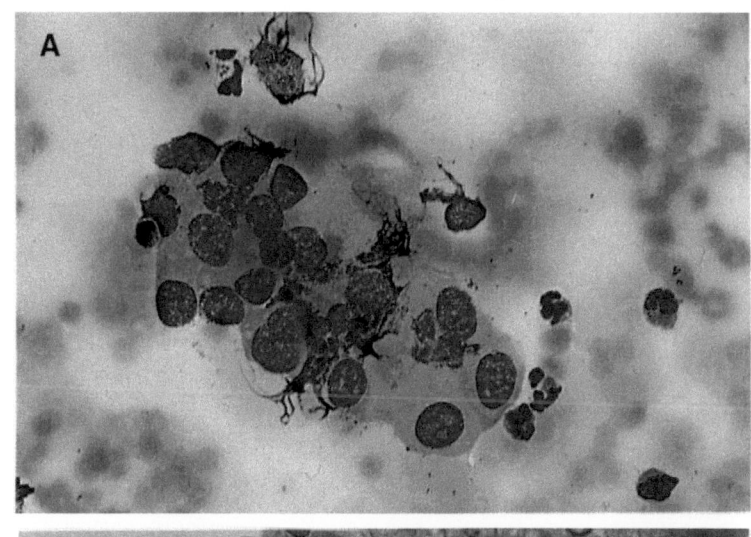
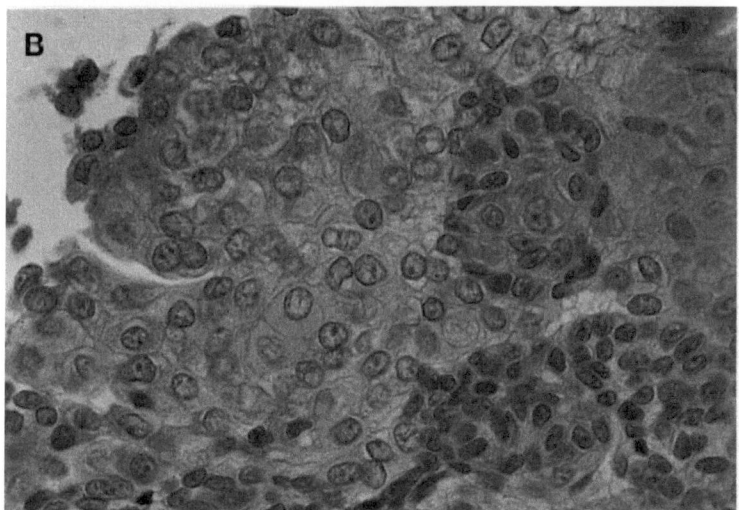

Abb. 72. Endoxan-induziertes Carcinom. **A** MGG-gefärbte Urothelzellen mit Anisokariose, abnormer Chromatinstruktur und Kernüberlappung. **B** Biopsie eines papillären Tumors Grad II mit infiltrativem Wachstum in die Lamina propria. Beachte die Ähnlichkeit der Kerne **A** (×435)

23. Zytologische Veränderungen durch Harnsteine

Abb. 73. A Papanicolaou-gefärbte Zellen ▷ mit großem Kern und prominenten Kernkörperchen (×615). **B** MGG-gefärbte multinukleäre Zelle (×615). **C–H** Mehrere atypische Zellen. Beachte die Verdickung der Kernmembran und die prominenten Kernkörperchen (PKM ×615)

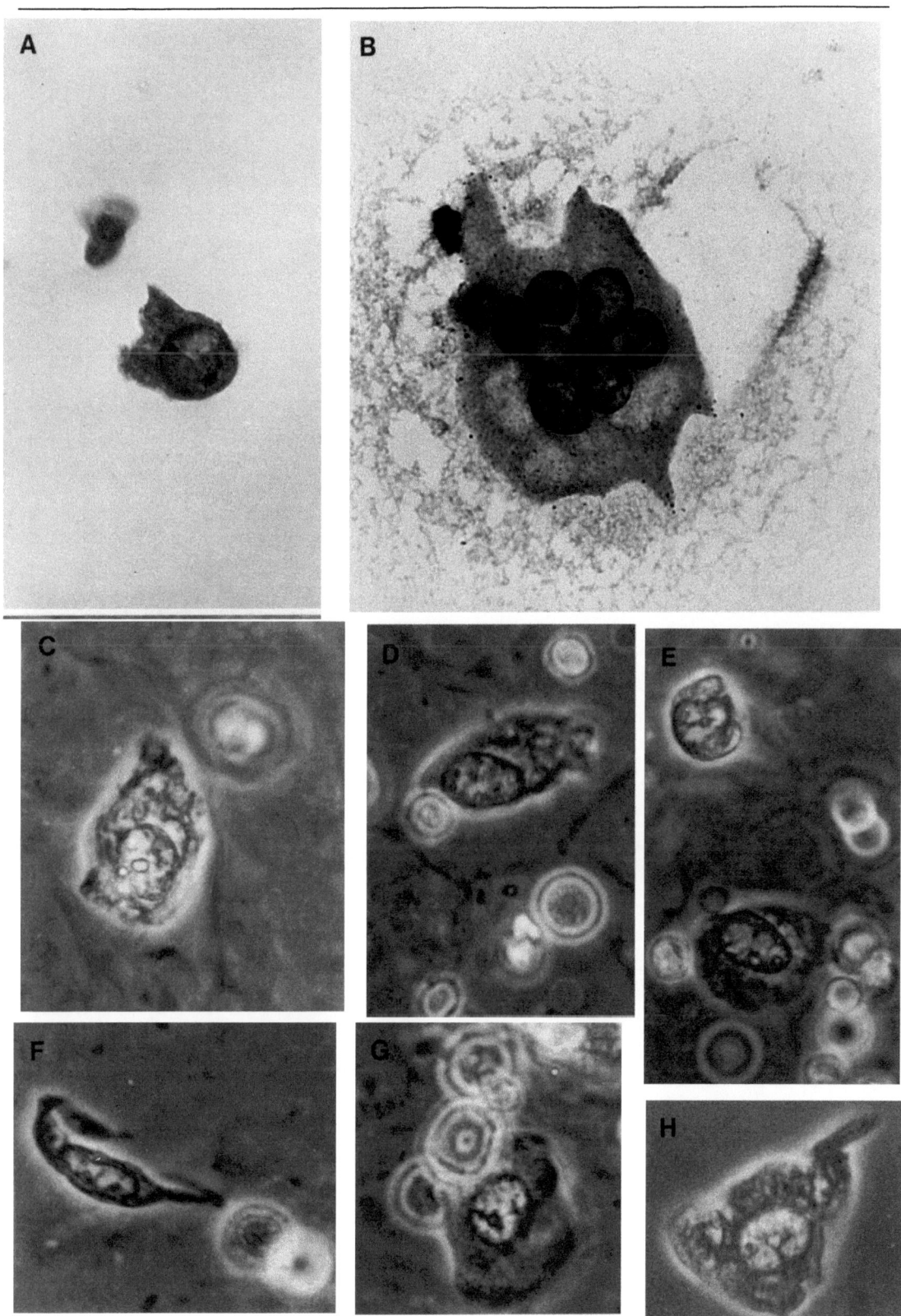

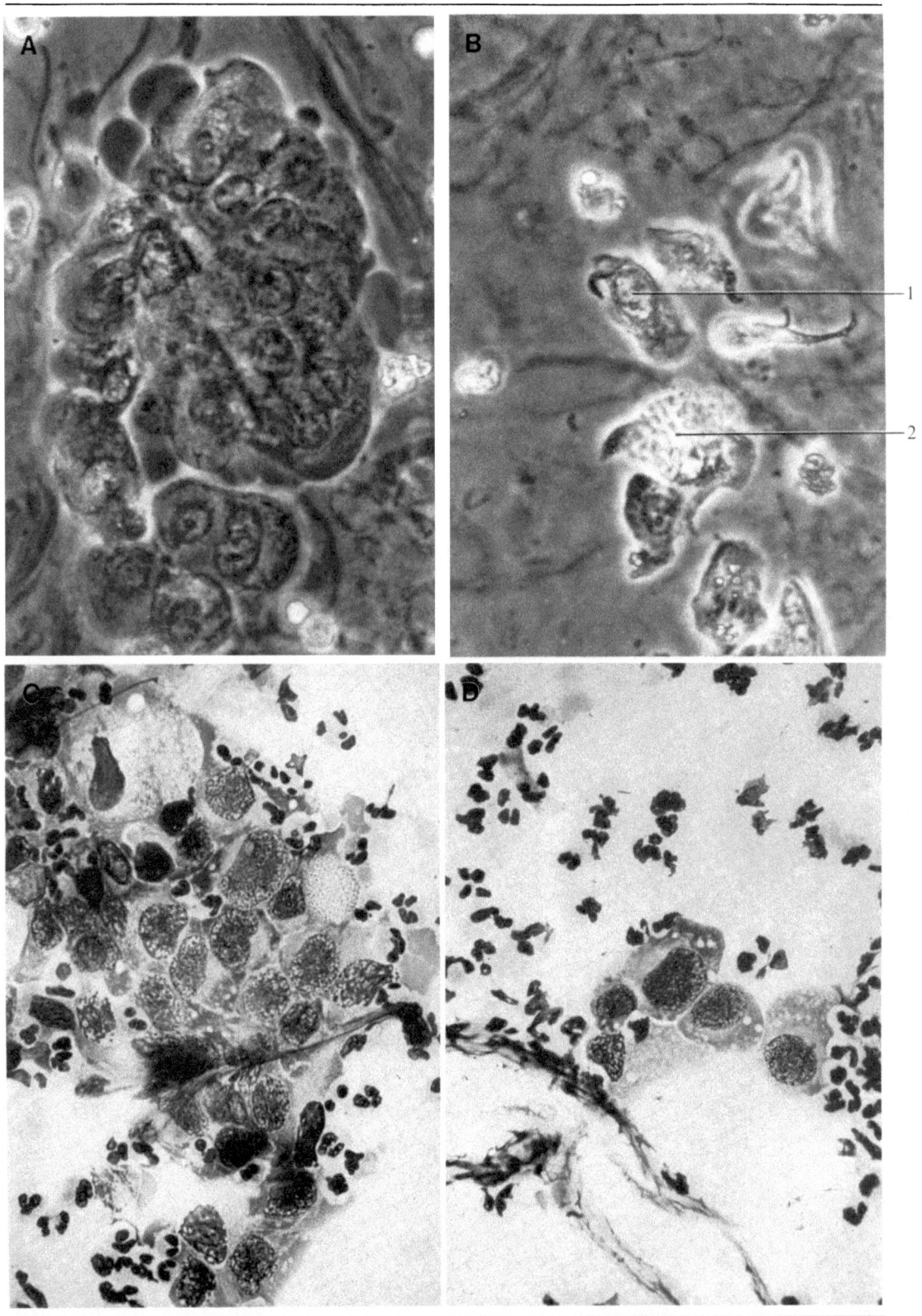

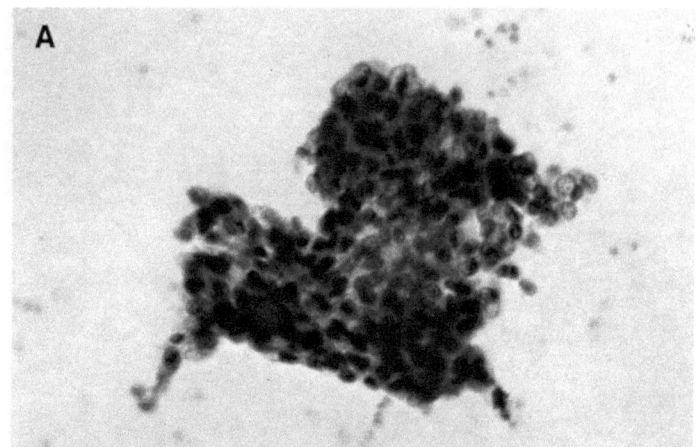
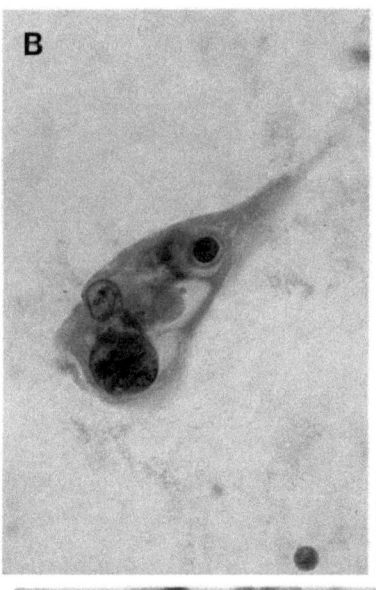
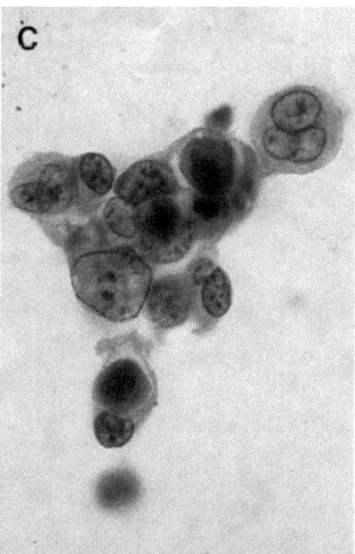
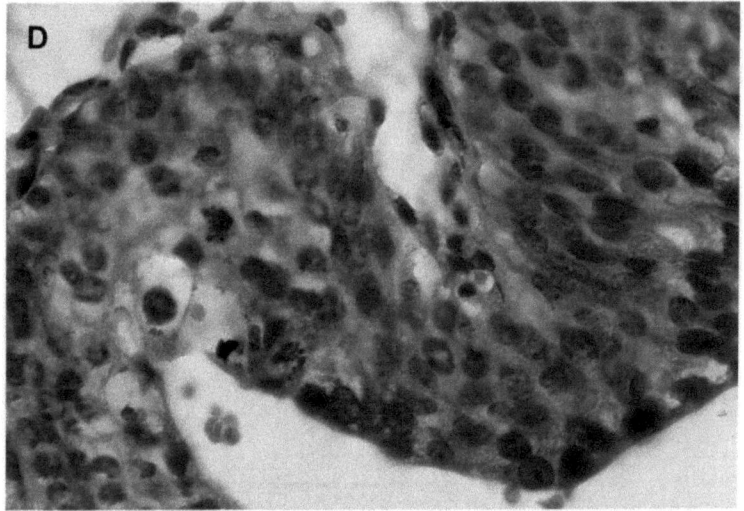

Abb. 74. A Zellhaufen mit leicht vergrößerten und überlappenden Kernen. Die Kernmembranen sind verdickt. Einige prominente Kernkörperchen (PKM × 450). **B** Atypische Urothelzellen mit unterschiedlich großen Kernen. Der Kern 1 hat eine dichte Kernmembran und 2 Kernkörperchen. Kern 2 befindet sich wahrscheinlich in Auflösung (PKM × 4507). **C** und **D** MGG-gefärbte morphologisch „maligne" Urothelzellen im Sediment eines Patienten mit Urolithiasis. Die Zellveränderungen verloren sich nach Entfernung des Steins. Der Patient hat kein Urothelcarcinom während der Kontrolle über 7 Jahre entwickelt (× 450)

Abb. 75. A Papanicolaou-gefärbte exfoliierte Zellverbände eines Patienten mit Harnleiterstein. **B** und **C** Papanicolaou-gefärbte morphologisch „maligne" Zellen im Sediment eines Patienten mit Urolithiasis. **B** Verdichtung des Chromatins. **C** Kernaufhellung, prominente Kernkörperchen, Verdichtung des Chromatins neben der Kernmembran und starke Varianten in der Kerngröße und Form. Die Kernveränderungen verloren sich nach Entfernung des Nierenbeckensteins (× 430). **D** Gewebeschnitt nach Teilresektion des Harnleiters bei einem Patienten mit „positiver" Zytologie. Dieses Harnleiterteilstück enthielt einen Stein. Die Wachstumsform ist unregelmäßig und das Epithel setzt sich aus Zellen mit abnormen Kernen zusammen. Beachte die mitose Formen (× 430)

24. Katheterurin

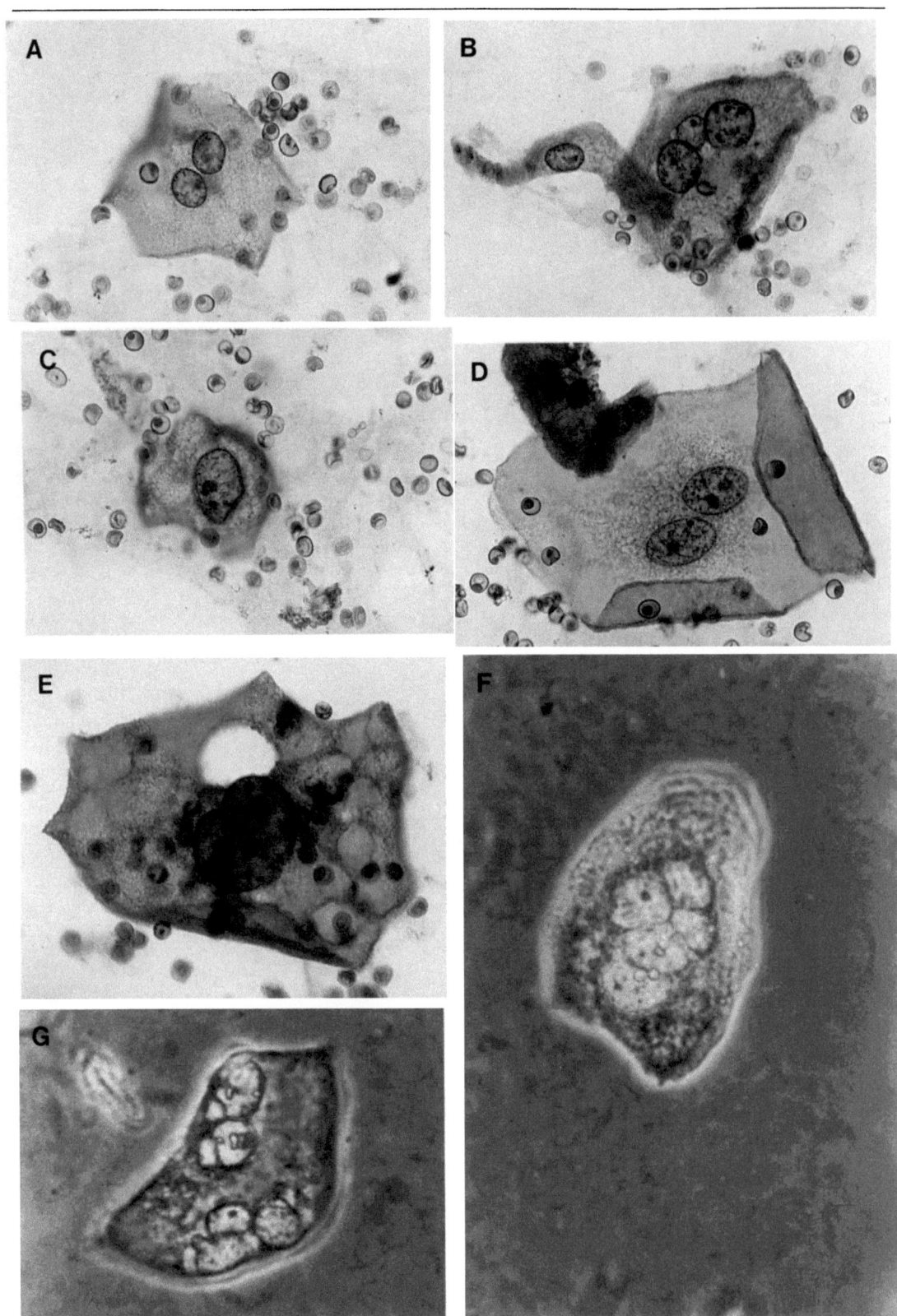

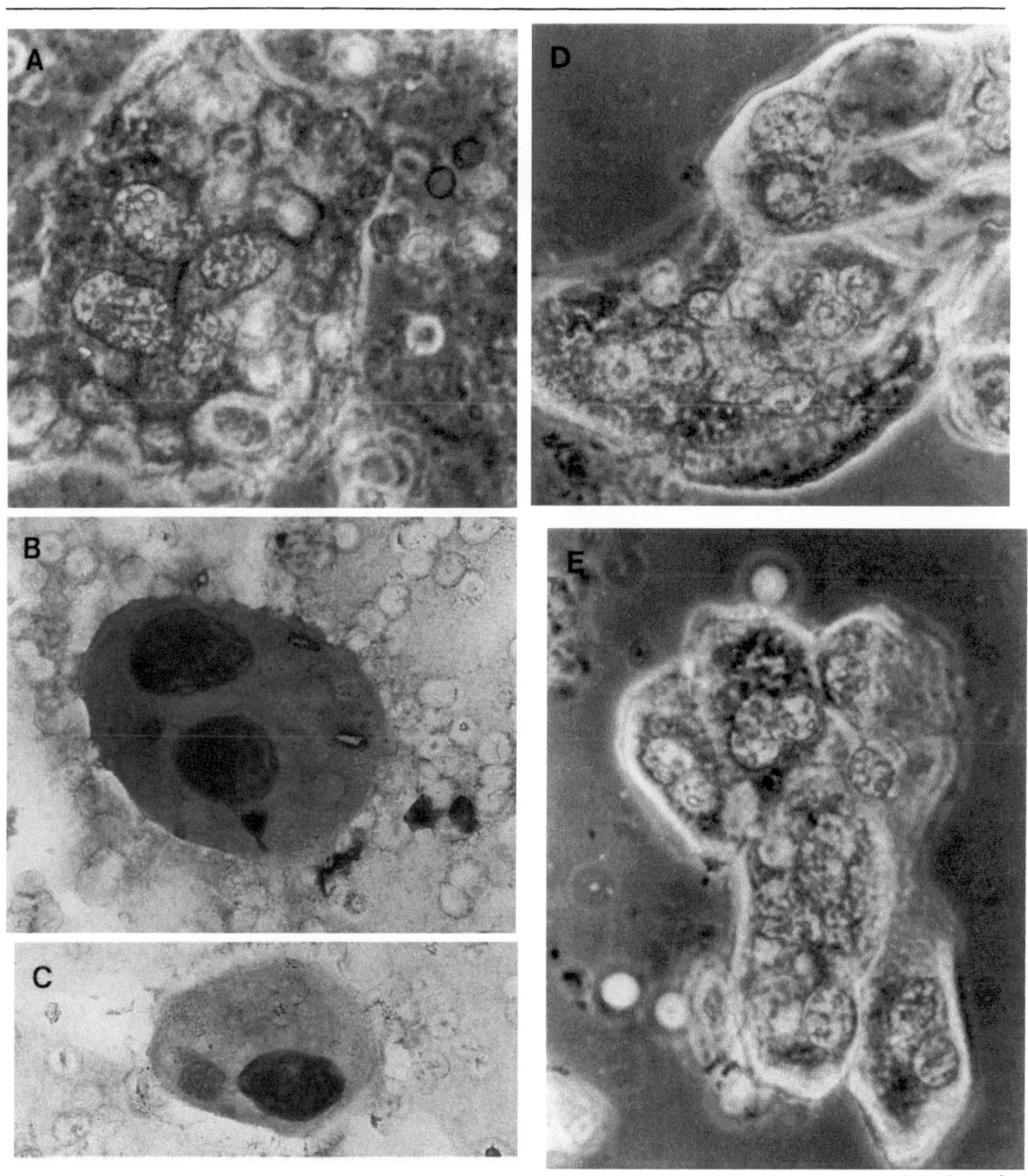

Abb. 77. A, D und E Vielkernige Riesenzellen mit Kernen unterschiedlicher Größe (PKM × 440). B und C MGG-gefärbte Zellen vom gleichen Sediment wie Abb. 76 (× 440)

◁ Abb. 76. A, B, C, D und E Papanicolaou-gefärbte Zellen aus einem Urinsediment direkt nach Katheterung. Später spontan gelassener Urin enthielt nur normale Urothelzellen. Beachte die große Variation in Zell- und Kerngröße, das reichliche Zytoplasma und die Vielkernigkeit A, B, D; das Chromatin ist weiterhin fein gezeichnet. B Die Zelle enthält Kerne unterschiedlicher Größe. D Ovale Kerne (× 460). G und F vielkernige Riesenzellen (PKM × 460)

25. Ileum-conduit-Urin

Abb. 78. A MGG-gefärbte degenerierte Zylinderepithelzellen im Iliostomaurin (×450).
B Papanicolaou-gefärbte Zellen vom gleichen Sediment (×450).
C Zylinderepithelzellen, degenerierte Zellen und eine Urothelzelle (PKM ×450).
D Zwischen vielen Leukocyten degenerierte Zelle, eine atypische Urothelzelle mit großem irregulärem Kern und zahlreichen Kernkörperchen (PKM ×450)

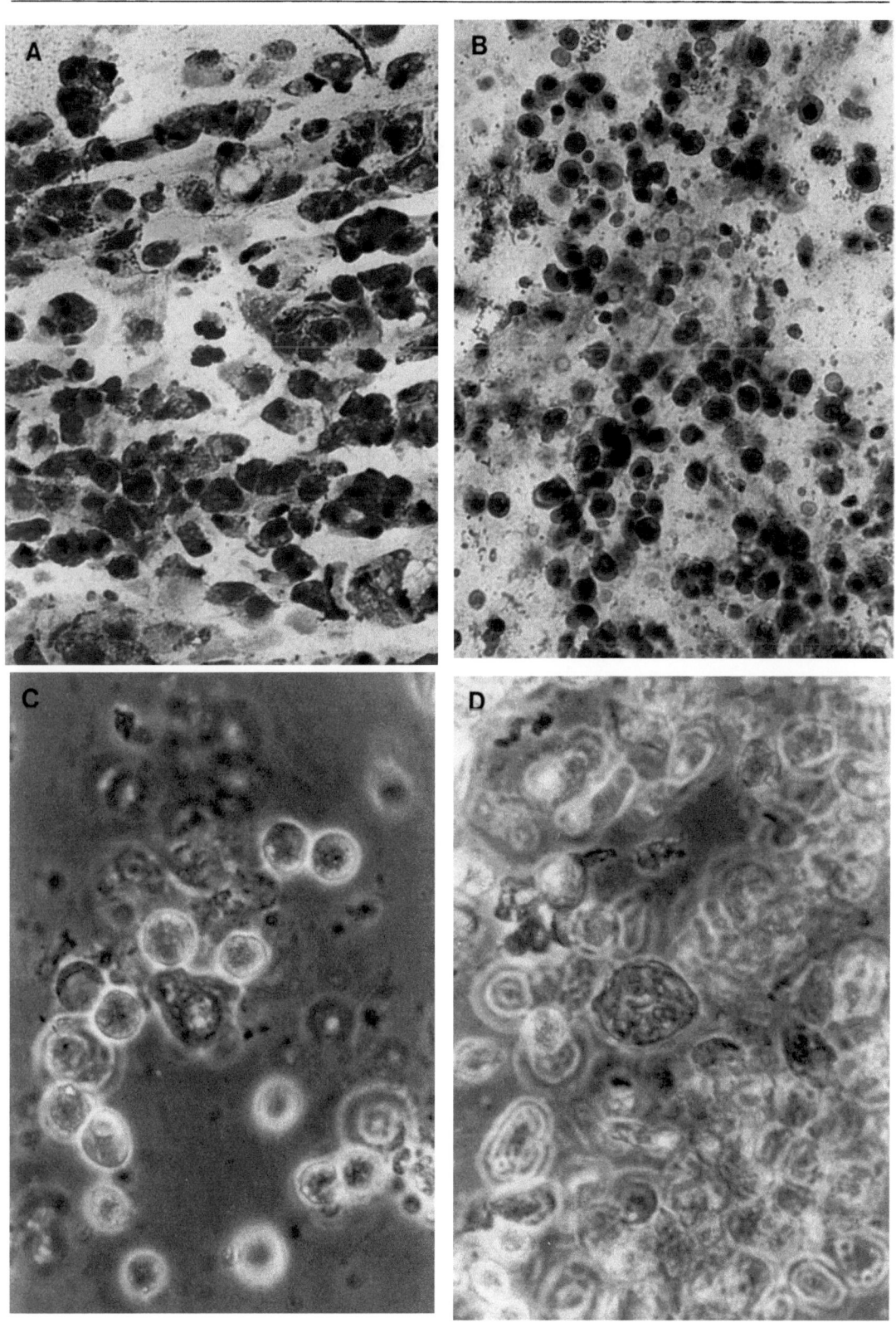

26. Artefakte in der Phasen-Kontrast-Mikroskopie

Abb. 79. A und B ▷
Kernschwellung und
Ausbildung von Vakuolen.
C Flüssigkeitsverlust und
Schrumpfung; beginnende
Disintegration des
Zytoplasmas. **D** Zusätzliche
Disintegration des
Kerninhalts (PKM × 455)

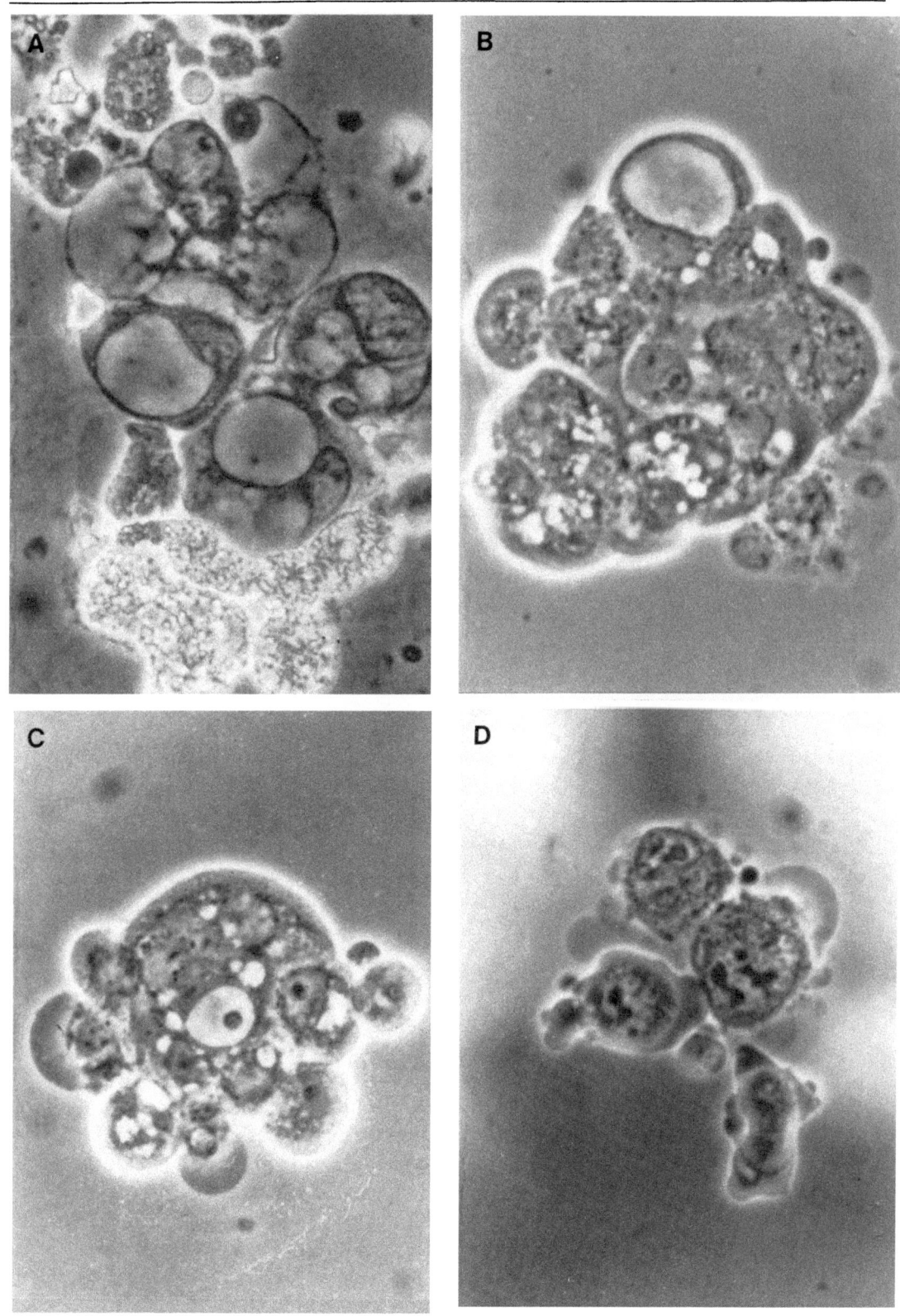

Alle Mikrophotographien der gefärbten Ausstriche und Gewebeschnitte wurden mit einem Zeiss- oder Leitz-Photomikroskop unter Anwendung von Planapo-Objektiven angefertigt. Farbabbildungen wurden mit Agfachrom 50 L und Schwarzweißabbildungen mit Ilford-Pan-F-Filmen erstellt. Die Phasenkontrastabbildungen wurden mit dem Zeiss Universal-Forschungsmikroskop mit Kameraaufsatz und Kodak-tri-X-pan-Film aufgenommen.

Sachverzeichnis

Adenomatöse Differenzierung 141
Adenocarcinom 144
–, Blase 39, 147
–, Colon 40
–, Niere 41, 151 ff.
–, Prostata 40, 155 ff.
–, Rektum 40
–, Urethra 141
Aethylalkohol 8
Ätiologie 51
Altenaria 83
Analgetika 53
–, Nephropathie 54
Atypische Hyperplasie 32
Atypie 57, 88
Aussagefähigkeit 55 f.
Ausstriche 9 ff.

Bakterien 19, 79
Balkannephritis 54
Bergkvist Graduierung 24, 31
Bestrahlung 5, 33, 42, 163
Bilharziose 53 (s. auch Schistosoma haematobium)
Blasendivertikel 39
Blasenextrophie 16
Blasenspülung 7, 17 f., 109
Blasenteilresektion 5
Blasentumor
–, Grad 0 33
–, Grad I 33, 95 f.
–, Grad II 36 f., 55, 99 ff., 107 ff., 155
–, Grad III 36 f., 58, 103 ff., 111 ff.
–, Grad IV 36 f., 58, 121 ff.
–, solide 38, 123 ff.
Blonks Methode 8 f.
Bots Methode 8
Brunns Zellnester 7, 16, 32
Bürstentechniken 8

Cancerogene 23
Candida 21, 83
Carcinogenese 52
Carcinoma in situ 5, 18, 22 f., 28, 30, 32 ff., 38, 88, 127 ff., 141, 167
–, Prostata 32
Carcinomrezidiv 5 f., 24, 30
Chemotherapeutika 33
Condylomata acuminata 20, 85
Cystitis 18, 39, 42
–, glanduläre 39, 159 ff.
Cytostatika 5, 42, 58, 167 ff.

Differenzierung 59

Elektroresektion 5
Endoskopie 5
Epidemiologie 51
Esposti-Fixativ 2, 8, 10

Färbetechniken 7 ff.
Fallschirmzellen 15 f., 72
Farnkraut 54
Fehldiagnosen 55
Filter 3, 8
Fixierung 10 f.
Formalin 13
Früherkennung 55

Herpes 19
Hyperplasie, atypische 23

Ileum-conduit-Urin 183 ff.
Inzidenz, Tumor 51

Klassifikation, Blasencarcinome 25ff.
–, Harnleitercarcinome 29
–, Nierenbeckencarcinome 29
Katheterurin 179ff.
Kriterien, Atypie 34f.
–, Malignität 34f., 91
–, Phasen-Kontrast-Mikroskopie 46f.

Leukoplakie 21

Mayers Albumin 10
May-Grünwald-Giemsa (MGG) 2, 12
Methylenblau-Färbung 3, 10, 12, 49
Michaelis-Gutmann-Körper 21
Millipore 3, 8
Morgenurin 7

Nierenbeckenspülung 7
Nierenbeckencarcinome 29, 54, 111ff.

Objektträger, vorgefärbt 3

Papanicolaou-Färbung 12
Papillom 32f.
Phasen-Kontrast-Mikroskopie (PKM) 2f., 10, 43ff., 61, 91, 187ff.
–, Kriterien 46f.
Phenazetin 53, 57
Plattenepithel 74
Plattenepithelcarcinom 38, 58, 135ff.
Plattenepitheldifferenzierung 38
Plattenepithelmetaplasie 18f., 21ff., 159ff.
Polyoma 20
Präparationstechniken 7ff.
Prostatacarcinom 75
Prostatapalpation 18
Pyelographie 7

Radiatio 42, 163 (s. Bestrahlung)
Regenschirmzellen 15f., 72, 88
Rezidivtumor 5f., 24, 30
Risikofaktoren 6

Screening 51
Schilddrüsencarcinom 158

Schistosoma haematobium 20, 39, 53, 83
Sedimentation 8
Sensitivität 58
Spezifität 58

Testsimplets 3, 10, 49
Thiotepa 33
TNM-System 25f.
Toxoplasmose 21, 83
Trichomonaden 20, 83
Trigonum 16
Tumordifferenzierung (WHO) 24f.
Tumorinfiltration 40
Tumorlokalisation 24
Tumorstadien 25

Übergangszellepithel 15f.
Ureterkatheter 7
Uretertumor 103ff., 111ff.
Urethratumor 107ff.
Urolithiasis 22, 173ff.
Urothel 15f., 72, 75
Uratheltumoren 22ff.

Verlaufskontrolle 6, 55
Virocyten 19, 85
Virus 19
Vitamin A 22
Vorfixierung 8

WHO-Klassifikation 25ff.

Zellausbeute 7
Zelldegeneration 13
Zellkonzentrate 8
Zellschrumpfung 14
Zellverlust 13
Zuverlässigkeit 3, 6, 55f.
Zylinderepithel 16
Zystoskopie 5, 55, 79
Zytologe 2f.
Zytologieassistentin 2f.
Zytolysine 13
Zytomegalie 19, 85
Zytozentrifuge 8

J. Ammon, J.-H. Karstens, P. Rathert
Urologische Onkologie
Radiologische Diagnostik und Strahlentherapie

1979. 77 Abbildungen, 74 Tabellen.
XII, 268 Seiten.
DM 59,–; approx. US $ 32.50
ISBN 3-540-09025-8

G. Aumüller
Prostate Gland and Seminal Vesicle
1979. Approx. 170 figures. Approx. 420 pages.
(Handbuch der mikroskopischen Anatomie des Menschen, Band 7, Teil 6)
Cloth DM 280,–; approx. US $ 154.00
ISBN 3-540-09191-2

W. Bargmann
Niere und ableitende Harnwege
1978. 181 zum Teil farbige Abbildungen in 255 Teilbildern, 12 Tabellen. VIII, 444 Seiten.
(Handbuch der mikroskopischen Anatomie des Menschen, Band 7, Teil 5)
Gebunden DM 290,–; approx. US $ 159.90
ISBN 3-540-08568-8

S. N. Chatterjee
Manual of Renal Transplantation
With contributions by P. F. Gulyassy, T. A. Depner, V. V. Shantaram, G. Opelz, T. T. Davie, J. Steinberg, N. B. Levy
1979. 55 figures, 22 tables. XV, 190 pages
Cloth DM 66,–; approx. US $ 36.30
ISBN 3-540-90337-2

G. Gahl, M. Kessel
Heimdialyse
Anleitung, Training, Behandlung

1977. 22 Abbildungen, 17 Tabellen.
XII, 185 Seiten. (Kliniktaschenbücher)
DM 23,–; approx. US $ 12.70
ISBN 3-540-08283-2

International Union Against Cancer
Union Internationale Contre le Cancer
TNM Klassifikation der malignen Tumoren
Herausgeber: Deutschsprachiger TNM-Ausschuß
3., überarbeitete und erweiterte Auflage 1979.
10 Tabellen. X, 179 Seiten.
DM 15,–; approx. US $ 8.30
ISBN 3-540-09024-X

Diagnostic Radiology
Supplement
Radionuclides in Urology – Urological Ultrasonography – Percutaneous Puncture Nephrostomy

By L. Andersson, I. Fernström, G. R. Leopold, J. U. Schlegel, L. B. Talner
Editor: L. Andersson
1977. 88 figures. X, 199 pages
Handbuch der Urologie, Band 5, Teil 1, Supplement)
Cloth DM 98,–; approx. US $ 53.90
Subscription price
Cloth DM 78,40; approx. US $ 43.20
ISBN 3-540-07896-7

P. Meiisel, D. E. Apitzsch
Atlas der Nierenangiographie
Unter Mitarbeit von L. Laasonen, S. Töttermann, M. Valle
Mit einem Geleitwort von W. Frommhold
1978. 336 Abbildungen. IX, 201 Seiten.
Gebunden DM 148,–; approx. US $ 81.40
ISBN 3-540-08486-X

L. N. Pyrah
Renal Calculus
Foreword by D. Innes Williams
1979. 55 figures, 26 tables. XIV, 372 pages.
Cloth DM 89,–; approx. US $ 49.00
ISBN 3-540-09080-0

Springer-Verlag
Berlin Heidelberg New York

H. Schmidt
Motilität der oberen Harnwege
Radiologische Diagnostik und Literaturübersicht

Geleitwort von L. Diethelm
1978. 71 Abbildungen. VIII, 120 Seiten
DM 68,–; approx. US $ 37.40
ISBN 3-540-08612-9

Urinary Tract Infection
Proceedings of a Symposium on "Urinary Tract Infection", London, England September 23–24, 1974.

Guest Editors: A. W. Asscher, W. Brumfitt
1975. III, 149 pages (Kidney International, Supplementa 4)
DM 52,–; approx. US $ 28.60
Reduced price for subscribers to "Kidney International": DM 44,20; approx. US $ 24.40
ISBN 3-540-90147-7

Urologie bei Rückenmarkverletzten
Unter Berücksichtigung sexualpädagogischer, gynäkologischer und andrologischer Probleme

Herausgeber: M. Stöhrer
Mit Beiträgen zahlreicher Fachwissenschaftler
1979. 97 Abbildungen, 33 Tabellen.
XII, 185 Seiten
DM 78,–; approx. US $ 42.90
ISBN 3-540-09144-0

Urology in Childhood
By D. I. Williams, T. M. Barratt, H. B. Eckstein, S. M. Kohlinsky, G. H. Newns, P. E. Polani, J. D. Singer
1974. 218 figures. XXIII, 458 pages.
Cloth DM 148,–; approx. US $ 81.40
Subscription price
Cloth DM 118,40; approx. US $ 65.20
(Handbuch der Urologie, Band 15, Supplement)
ISBN 3-540-06406-0

Verhandlungsbericht der Deutschen Gesellschaft für Urologie
29. Tagung vom 21.–24. September 1977 in Stuttgart

Tagungsleiter: F. Arnholdt
Redigiert durch den 2. Schriftführer der Deutschen Gesellschaft für Urologie:
K. F. Albrecht
1978. 252 Abbildungen, 140 Tabellen.
XX, 440 Seiten (4 Seiten in Englisch)
DM 140,–; approx. US $ 77.00
ISBN 3-540-08648-X

H. U. Zollinger, M. J. Mihatsch
Renal Pathology in Biopsy
Light, Electron and Immunofluorescent Microscopy and Clinical Aspects

With the collaboration of F. Gudat, U. Riede, G. Thiel, J. Torhorst
Translated from the German by E. Castagnoli
1978. 949 figures, 82 tables. XIII, 684 pages
Cloth DM 184,80; approx. US $ 101.70
ISBN 3-540-08382-0
Distribution rights for Japan: Igaku Shoin Ltd. Tokyo

Preisänderungen vorbehalten

Springer-Verlag
Berlin Heidelberg New York

MIX
Papier aus verantwortungsvollen Quellen
Paper from responsible sources
FSC® C105338

If you have any concerns about our products,
you can contact us on
ProductSafety@springernature.com

In case Publisher is established outside the EU,
the EU authorized representative is:
**Springer Nature Customer Service Center GmbH
Europaplatz 3, 69115 Heidelberg, Germany**

Printed by Libri Plureos GmbH
in Hamburg, Germany